기본부터 배우는 인테리어 교과서

01 | LIFE INTERIOR
생활이 인테리어가 된다

인테리어도 스위트 홈도
좋아하는 것에서 시작하자.

원룸이든 어떤 집이든
자기가 좋아하는 것을 인테리어에 활용하면
장소가 '방'으로, 주거가 '내 집'으로 바뀐다.

사는 게 곧 인테리어(=LIFE INTERIOR).
내가 '좋아하는 것'과 가족이 '좋아하는 것'이
생활 속에서 조화를 이뤄
조금씩 '우리 집'이 되어간다.

이 책은 편안한 내 집을 만드는
'인테리어의 기본'을 정리한 입문서이다.
내 맘에 쏙 드는 '내 집 만들기'를 시작해보자.

CONTENTS

CHAPTER 5

조명 LIGHTING 107

레슨 1
–
LIGHTING BASIC
조명의 종류와
선택을 위한 기본 레슨

레슨 2
–
LIGHTING TECHNIQUE
쾌적한 인테리어를 위한
조명 테크닉

레슨 3
–
LIGHTING SELECTION
유명 디자이너의
조명 셀렉션

CHAPTER 6

주방 KITCHEN 123

레슨 1
–
KITCHEN BASIC
주방의 배치와
크기에 관한 기본 레슨

레슨 2
–
KITCHEN PARTS
주방 기구 선택의 포인트

레슨 3
–
PLANNING
주방 계획의 기본 레슨

CHAPTER 7

창문 꾸미기 WINDOW TREATMENT 143

CHAPTER 8

내 집 꾸미기 I DISPLAY 159

CHAPTER 9

인테리어 용어 INTERIOR WORD 177

· 이 책에서 사용하는 가구 사이즈 표시는 W=폭, D=안길이, H=높이, SH=좌면 높이, Ø=직경이다.

· 표시 가격은 세금이 포함된 상품가다. 키친과 윈도 트리트먼트, 조명기구 등은 별도 설치 공사비 등이 필요하다.

· 여름휴가, 연말연시, 골든 위크 등의 휴무일은 각 점포에 문의하기 바란다.

CHAPTER

1

I like _____

좋아하는 것을 가까이에서 매일 보고 느끼고 싶다!
내가 '좋아하는 것'으로
편안한 내 집 만들기에 성공한 세 집을 소개한다

I like *Art*

Maruyama House

Concept : ART   Area : TOKYO   Size : 78.1m²   Layout : 1SLDK   Family : 2

매일 보는 것, 만지는 것을 디자인에 활용해보자
아트도 인테리어도 일용품도 마찬가지다

3층 거실 벽에는 'Hand & Eye Let-
terpress'의 포스터, 니시다테 토모
오의 콜라주, 고가 미쓰루의 작품.
검은 색 큰 창은 오하라 아쓰시가
제작한 것.

(LIVING ROOM)

위 : 거실 흰 벽에 'SAT. PRODUCTS'의 브래킷으로 선반을 만들고, 사이즈와 디자인을 고려해 고른 'Tivoli Audio'를 놓았다. 아래 : 소파는 '스웨덴 가구의 아버지'라 불리는 카를 말름스텐(Carl Malmsten)의 작품으로 메구로에 위치한 'HIKE'에서 구입. 목재휴지통은 북유럽 빈티지. 쓰쓰이 준코의 사진이 한층 더 아름답게 보인다.

(KITCHEN)

위 : 주방도구로 가득한 아담한 주방. 입주 후 생활 동선에 맞춰 바와 선반을 DIY로 설치했다. 왼쪽 아래 : 독일제 빈티지 선반에는 자주 사용하는 조미료를. 키친 홀더는 '오크스(일본 주방브랜드)', 나이프 랙은 '이케아' 오른쪽 아래 : 안길이가 얇은 선반과 깊은 선반을 만들어 꺼내기 쉽게.

다른 방과는 분위기를 다르게 하고 싶어서 그레이 톤으로 꾸민 2층 침실에는 아제치 우메타로, 고이타바시 마사유키, 니시슈큐, fancomi 의 판화와 일러스트를 액자에 넣어 장식했다

(BEDROOM)

I like Art

Maruyama House

7평의 3층 건물에서
예술품과 일용품을 즐기며 생활한다

그래픽 디자이너 마루야마 마사타카 씨와 일러스트레이터 시노 씨가 사는 집은 바닥이 7평이 채 안되는 3층 건물이다. 대신 천장 높이가 4m나 되어 3층 거실과 2층 침실 등의 벽에 레터링과 콜라주, 사진 등 좋아하는 예술작품으로 장식했다.

"직업상 예술품을 좋아해요. 작가의 일부라고 생각하고 작품을 구매하지요. 좋아하는 작품은 매일 보며 가까이서 느끼고 싶어요."

미술관과 갤러리 등의 그래픽 디자인 작업이 많은 마루야마 씨에게 아트는 자극제이자 생활에 꼭 필요한 요소다.

"가격이 싸든 비싸든, 유명하든 유명하지 않든 관계없이 제 마음이 끌리는지, 오브제가 될 수 있는지, 디자인의 관점에서 볼 때가 많아요."

그것은 예술품에만 적용되는 것이 아니라 집의 내부 장식과 창호, 가구와 일용품에 이르기까지 같은 시선으로 신중하게 고르고 음미한다.

"매일 보는 것, 만지는 것을 디자인에 활용하고 싶어요. '새 것은 금방 낡지만 아름다운 것은 영원하다'는 말을 좋아하죠. 심플하고 오래 가는 것이나 스토리가 느껴지는 것을 고르려고 해요."

거실 벽에는 장 프루베(Jean Prouvé)의 조명 '포텐스', 소파 정면의 선반은 'SAT. PRODUCTS'의 브래킷에 좋아하는 상판을 올린 것, 베드사이드에는 샤를로트 페리앙(Charlotte Perriand)의 조명을 놓았다. 주방의 오픈 선반은 독일제 빈티지, 욕실의 아이언 바는 친구인 세키타 다카마사 작가에게 주문하는 등 현관 신발장에 이르기까지 하나하나 신경 써서 골랐다.

"살면서 우리가 직접 찾는 것도 좋지 않을까 싶어요. 벽에도 아직 여유 공간이 있으니 앞으로도 마음에 드는 작품을 찾아 좀 더 즐기려고 해요."

1 1층 카페 공간에 만든 신발 공간. 이벤트를 할 때는 간단하게 옮길 수 있도록 신발장을 따로 두지 않고 'PUEBCO'의 슈즈 박스를 애용하고 있다. 2 비오는 날 세탁물을 말리기 위해 만든 봉은 세키타 다카마사 씨에게 의뢰. 관엽식물로 장식했다. 3 거실 안쪽으로 욕실, 세면대, 화장실을 한 공간으로 널찍하게 만들었다. 컵 홀더는 해외 빈티지 제품.

덴마크 아일러슨(eilersen) 사의 소파, 와이어 바스켓에 상판을 올린 테이블, '다이아몬드 체어'. 서랍장은 '저널 스탠더드 퍼니처(Journal Standard Furniture)'에서.

CASE.2

I like *Tasteful*

Takamatsu House

Concept : TASTEFUL   Area : NAGOYA   Size : 112.4m²   Layout : 3LDK   Family : 2

소중히 간직해 온 앤티크와 수제품들
산과 바다에서 주워온 것과 여행지의 추억 등
운치 있는 애장품을 인테리어에 활용하였다

(DINING & KITCHEN)

왼쪽 위 : 주워 온 나뭇가지에 드라이 플라워를 매달아 미니 커튼으로. 글라스 돔은 커피콩이 들어있던 병뚜껑에 마 끈으로 짠 커버를 씌워 엎어 놓은 것. 오른쪽 위 : 북유럽 'muuto'의 원형 후크에 앞치마와 가방을. 아래 : 의자는 '에콜(ercol)'과 '임즈(eames)'. 카운터 테이블은 뒷정리하기에 편하다.

주문 제작한 주방과 싱크대는 이전 집의 것을 재활용한 것. '체체(Tsé&Tsé)'의 메탈 랙에는 '파이어 킹(유리 그릇 브랜드—옮긴이)'을 수납. 초록 식물들이 산뜻한 포인트 컬러.

(DINING & KITCHEN)

(ATELIER)

위 : '정크 & 걸리시'한 공간으로 만들
고 싶어 프랑스제 3면 거울의 깨진 부
분에 엽서를 붙였다. 아래 : 창가에 놓
인 유리병에는 주로 수예 소품을.

I like *Tasteful*
Takamatsu House

매 순간을 설레는 마음으로 살고 싶다
앞으로도 삶을 즐기고 싶다

"멋있는 물건을 좋아해요. 앤티크나 수제품 느낌이 나는 것, 인더스트리얼한 것, 바다와 산에서 주워 온 것들이요."

다카마쓰 씨는 남편과 함께 2014년 가을에 친정집을 새로 고쳐 지었다. 거실 벽은 하얗게, 주방 벽은 칠판 페인트로 도장해 조닝을 한 것을 빼고는 내장공사를 심플하게 해서 취향껏 자유롭게 꾸밀 수 있도록 하였다. 20년 전쯤 '파이어 킹'을 통해 아메리칸 앤티크에 빠지게 되었고 그 후 프랑스와 영국의 오래된 물건에도 흥미를 갖게 되었다고 한다.

"앤티크 제품은 옛날에 어떤 식으로 사용되었는지 상상하는 게 재미있어요. 소중히 쓴 물건이라 멋스럽고, 똑같은 것이 없다는 점도 좋아요."

아이디어는 숍이나 해외 인테리어 사이트, 여행지의 호텔 등에서 얻는다고. "마음에 드는 아이템을 만나면 곧바로 인터넷에서 키워드로 검색해요. 만들 수 있는 것은 직접 만들고, 살 수 있는 것은 외국 숍에 메일을 보내 구입하기도 하죠. 인터넷 경매에서 떨어진 적도 있어요."

거실에는 덴마크의 아일러슨 소파에 네덜란드 와이어 테이블을 놓았고, 다이닝 룸에는 '에콜' 체어와 '임즈' 체어. '콜러(KOHLER)'의 오래된 도기 싱크대를 활용한 주방에는 '체체 어소시에' 식기장. 거기에 색채를 더하는 것이 녹색 식물과 드라이 플라워, 나뭇가지 등 자연을 느끼게 하는 것들이다. 더욱 눈길을 사로잡는 것은 바로 덴마크 폰트 디자인 전문점 'PLAYTYPE'와 NY 브룩클린발 'Holstee'의 운치 있는 레터링 포스터 몇 점.

"요즘은 배색이 예쁜 외국 아이들 방에 푹 빠져있어요. 앞으로도 삶을 계속 즐기고 싶어요."

그때그때 '가슴 뛰게 하는 것'에 마음 설레며, 지금도 눈앞의 '마음 설레는' 아이템에 몰두하는 중이다.

1 임팩트 있는 토끼 벽지는 언젠가 본 외국 벽지가 눈에 아른거려 벨기에에서 직접 공수해 온 'GROOVY MAGNETS' 제품. 2 화장실에 꽃을 두거나 향수를 놓아 거울 앞에 설 때마다 기분이 좋아지는 공간으로 만들었다. 3 'TOTO'의 심플한 세면대에는 아틀리에와 마찬가지로 이발소에서 쓰던 레트로 풍 3면 거울을 달았다.

CASE.3

I like *Green*

Kondou House

Concept: GREEN   Area: CHIBA   Size: 126.1m²   Layout: 4LDK+LOFT   Family: 3

식물이 무럭무럭 자라는 집으로 꾸민 뒤
신기하게 컨디션도 좋아졌어요
식물에는 마음을 치유하는 능력이 있는 것 같아요

곤도 요시노부 & 곤도 토모미 씨
는 부부는 함께 다육식물을 이용
해 다양한 일을 한다. 2층 아틀리에
는 워크숍과 전시 공간으로 개방하
고 있다. 테이블과 의자는 영국제
리프로덕션 제품으로, 나카메구로
'chambre de nîmes'에서 구입.

(ATELIER)   왼쪽 : 화분대와 선반은 요시노부 씨가 만든 것. 오른쪽 : 전체를 색연필로 그린 이 그림은 친구인 수다 마유미 씨의 작품.

(DINING & KITCHEN)   건축가에게 의뢰해 만든 붙박이식 주방. 벽은 블루 그레이로, 진열장은 오일스테인으로 앤티크 분위기를 연출.

위 : 앤티크 병은 여러 개를 한곳에 모
아 인상적으로. 아래 : 컴퓨터 책상은
독일 빈티지. 안쪽의 서랍장은 일본
옷장에 철제 손잡이를 단 것. 'SHOZO
ROOMS'에서 구입.

(LIVING ROOM)

(HALL)

2층 아틀리에에서 1층까지 연결된 보이드에는 립살리스가 샹들리에처럼 늘어져 있어 오브제 역할을 한다. 햇볕이 쏟아지는 집 안은 마치 식물원 같아 공기마저 달콤하다.

I like Green
Kondou House

새하얀 공간에 식물과 오래된 물건들을 사이좋게 배치
식물을 위해 지은 빛과 바람의 집

곤도 씨는 2013년 본가를 개축해 자택의 일부에 다육식물 숍인 'TOKIIRO'라는 작은 카페를 열었다. 1층부터 3층까지 흰 공간의 보이드에는 유리창을 통해 내리쬐는 빛을 받아 식물들이 싱싱하게 자라고 있어 마치 오아시스를 보는 것 같다.

"식물은 광합성을 위해 집안에서도 빛과 물을 필요로 합니다. 빛과 물의 양을 같은 비율로 제공해 균형 있게 광합성 할 수 있도록 해야 하고, 통풍도 중요하죠."

식물이 빛을 잘 받도록 2층 아틀리에의 벽면은 UV 가공하지 않은 유리벽으로 만들었다. 천창도 강도가 허락하는 한 크게 만들었고 루프 팬이 1년 내내 부드러운 바람을 보내준다.

"여름에는 에어컨이 있어도 소용이 없을 정도로 더위를 탔는데요. 이 집을 짓고 나서 신기하게도 몸 상태가 좋아졌어요."

다육식물과의 만남은 9년 전. 나가노 야쓰가타케 클럽에서 리스에 관한 책을 산 후 아내를 위해 만든 다육식물 리스가 이 모든 것의 시작이었다.

"우리 부부는 식물을 사면 언제나 말려 죽이기 일쑤였는데 처음 만들어 본 리스를 아내가 무척 좋아했어요. 아내를 기쁘게 해 주고 싶은 마음에 만들다보니 점점 빠져들게 되었죠."

뒷마당이 어레인지로 가득 차서 현관 밖에 두었더니 이웃들에게 화제가 되었고, 입소문이 나서 이벤트 판매를 시작한 것이 얼떨결에 사업으로 발전하게 되었다.

곤도 씨 집에서 눈길을 끄는 것은 입체적인 공간 활용. 보이드를 활용해 로프와 S형 고리로 녹색식물을 매단 센스가 매우 독창적이다. 작은 화분도 사랑스럽지만 생명력을 느끼게 하는 다이내믹한 디스플레이도 압권이다.

"사람들은 힐링하고 싶을 때, 빌딩 전망대보다는 바다나 산을 보고 싶어 하잖아요. 자연을 느끼고 싶은 게 아닐까요? 녹색을 보면 마음이 차분해지거든요. 식물과 생활하면서 힐링이 되는 기분이에요."

건강한 식물이 자라는 집에는 사람의 마음을 무장 해제시키는 편안함이 가득하다.

1 조용한 주택가 안에 있는 'TOKIIRO'. 흰색 벽에 회색 문이 인상적. 2 현관 앞에 있는 랙의 어레인지는 몇 년 전에 만든 것. "다육식물도 단풍이 들어요. 봄, 여름, 가을, 겨울, 계절마다 다른 표정을 즐기면 좋겠어요." 3 용기까지 포함된 어레인지를 만든다. 부부의 이상을 실현하기 위해 몇 년 전부터 도예 작가에게 화분 제작을 의뢰. 달 모양 화분도 'TOKIIRO'의 오리지널 제품이다.

'좋아하는 것'으로 '편안한 내 집' 만들기

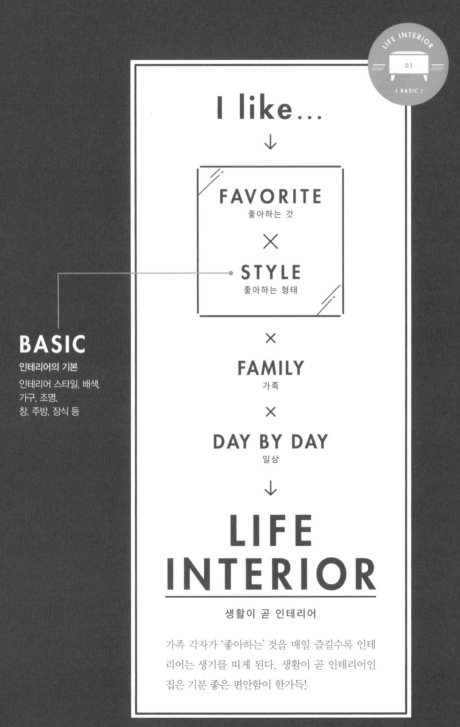

LIFE INTERIOR
01
(BASIC)

I like...
↓

FAVORITE
좋아하는 것

×

STYLE
좋아하는 형태

×

FAMILY
가족

×

DAY BY DAY
일상

↓

LIFE
INTERIOR
생활이 곧 인테리어

BASIC
인테리어의 기본
인테리어 스타일, 배색,
가구, 조명,
창, 주방, 장식 등

가족 각자가 '좋아하는' 것을 매일 즐길수록 인테리어는 생기를 띠게 된다. 생활이 곧 인테리어인 집은 기분 좋은 편안함이 한가득!

CHAPTER

2

British Country

Do you Like?

Scandinavian

INTERIOR STYLE

'취향'에 맞는 인테리어 스타일을 12가지로 나누어 설명하고
색, 형태, 소재, 질감의 4가지 요소를 통해
원하는 스타일을 찾고 꾸미는 방법을 알아본다

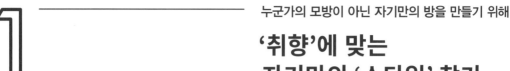

1
LESSON

누군가의 모방이 아닌 자기만의 방을 만들기 위해

'취향'에 맞는
자기만의 '스타일' 찾기

'카페'를 좋아하는 사람이라도 형태는 여러 가지.
그것은 '스타일'의 차이.

FAVORITE (CAFE) × (INTERIOR) STYLE
→ LIFE INTERIOR

예술 작품, 자전거, 음식 등 가족의 '취향'을 확인했다면 다음 순서는 '어떤 분위기'로 연출할 것인지 찾는 것이다.
예컨대 카페를 좋아한다고 하더라도 내추럴한 분위기의 카페를 좋아하는 사람이 있는가 하면 일본식 분위기를 좋아하는 사람도 있다. 이 분위기의 차이가 인테리어 '스타일' 차이다. 바꿔 말하면 "내추럴 스타일의 인테리어가 좋다"고 말하는 사람 중에도 아트를 좋아하는 사람이 있는가 하면 아웃도어를 좋아하는 사람도 있다. '가족이 좋아하는 것' × '좋아하는 스타일'의 조합은 헤아릴 수 없이 많다. 그렇기에 더욱 유일무이한 '우리 집'이 되는 것이다.

Cafe × Natural Style

'내추럴 스타일'의 카페처럼
화이트 오크재 테이블을 비롯해 나무와 타일을 이용한 내추럴 스타일의 다이닝 룸.(기무라 씨 집, 오카야마 현)

Cafe × Industrial Style

'인더스트리얼 스타일'의 카페처럼
고재(古材)와 콘크리트, 오래된 조명 등의 투박한 소재를 사용해 인더스트리얼 분위기의 공간으로.(요시카와 씨 집, 오사카)

Cafe × Scandinavian Style

'북유럽 스타일'의 카페처럼
아알토의 테이블과 루이스폴센의 펜던트 조명, 나무 천장 등이 북유럽 스타일을 연상시키는 공간.(아이다 씨 집)

Cafe × French Style

'프렌치 스타일'의 카페처럼
회벽과 대들보가 있는 방에 검은 부재로 포인트를 준 시크한 프렌치 스타일의 인테리어.(M 씨 집. 가나가와 현)

Cafe × Japanese Modern Style

'일본 스타일'의 카페처럼
원래 농가였던 민가를 리노베이션해 일본 가옥의 장점을 계승한 공간. 식탁 위의 그릇은 도예가가 만든 작품.(고스게 씨 집, 효고 현)

Cafe × Classical Style

클래식한 분위기의 티 살롱처럼
조지안 양식으로 코디네이트해 홍차 교실을 여는 거실. 영국의 저택을 연상시킨다.(다니우치 씨 집. 도야마 현)

2

편안한 집을 만드는 6가지 법칙

세련되고 편안하면서 항상 깨끗하게 유지할 수 있는
이상적인 집을 만들기 위한 기본 룰을 체크해보자.

INTERIOR RULE

1

취향을 찾는다

사람에게는 각자 소중히 여기는 것과 좋아하는 것이 있게 마련이다. 그것을 인테리어에 활용해보자. 먹는 것을 좋아하는 가족이라면 소파를 포기하고 큰 테이블을 놓는 것도 좋고, 낚시가 취미인 사람이라면 거실에 낚시 도구를 장식해도 괜찮다. 집을 본 순간 그 사람의 '취향'을 알 수 있는 인테리어는 자연스럽고 운치가 있다. 우선은 자신과 가족이 '좋아하는 것'을 찾아보자.

2

스타일을 찾는다

집은 내장이나 가구는 물론 작은 잡화와 일용품에 이르기까지 우리가 선택한 것이 하나씩 쌓여 완성된다. 디자인의 선택지가 다양한 요즘 시대에는 자신이 좋아하는 인테리어 스타일을 파악해 선택 기준을 정하는 것이 매우 중요하다. 집을 꾸미는 일은 생활의 변화에 따라 장기간에 걸쳐 진행되므로 기준이 없으면 인테리어가 뒤죽박죽이 된다. 가족의 취향과 생활을 고려하면서 원하는 스타일을 찾아보자.

3

가족 구성과 집에서의 생활 방식을 고려한다

우리 집에 딱 맞는 인테리어를 하려면 라이프 스타일에 맞춘 기능과 취향을 반영한 디자인을 모두 고려해야 한다. 우선은 일상생활에서 어떤 기능이 필요한지 생각해보자. 거실과 다이닝 룸의 경우에는 가족의 수와 연령 구성, 식사 방법과 화목함의 정도, 손님의 방문 빈도와 대접하는 방법 등을 확인하자. 그러면 어떤 가구를 어떻게 배치하면 좋을지 알게 된다.

CHECK LIST

□ 취미, 좋아하는 것은 무엇인가?(함께 사는 가족의 취미도 알아본다.)

□ 취미와 좋아하는 것을 위해 필요한 물건이나 도구가 있는가?(취미 도구, 그 종류와 양, 수납 방법은?)

□ 좋아하는 일을 집 안의 어떤 장소에서 어떻게 즐기는 것이 이상적인가?(좋아하는 일을 하는 장소 만들기, 함께 즐기는 인원 수)

CHECK LIST

□ 취향은 어떤 스타일인가?(P.36~52를 통해 좋아하는 스타일을 알아둔다.)

□ 배우자의 취향은 어떤 스타일인가?(함께 사는 상대의 취향도 알 필요가 있다.)

□ 추구하는 스타일이 라이프 스타일과 어울리는가?(정리와 청소, 유지 관리 등)

CHECK LIST

□ 그 방을 사용하는 가족 구성과 연령은?(누가 어떻게 사용하는 방인가?)

□ 방의 용도는?(생활하는 방법은? LD의 경우에는 손님의 방문 빈도 등)

□ 방을 사용하는 사람이 편히 쉴 수 있는가?(가족의 취향과 휴식 방법을 자세히 파악한다.)

4

인테리어 요소의
균형을 생각한다

집을 꾸미는 내장과 가구, 커튼과 조명 등 각 개체를 인테리어 요소(인테리어를 구성하는 요소)라고 한다. 개체로는 훌륭할지라도 방에 어울리지 않는다면 장점을 살릴 수 없다. 개체의 디자인보다 전체적인 조합 = 코디네이트가 중요한 경우도 있다. 어떤 것을 새로 장만할 때는 다른 것과의 조화, 사이즈와 볼륨감 등 지금의 집에 어울리는지 균형과 조화를 생각하자.

CHECK LIST

□ 가구와 커튼, 조명기구 등의 디자인과 소재, 색은?(전체적으로 볼 때 조화를 이루는가?)

□ 가구의 사이즈와 색은?(방의 넓이, 가족의 체격에 적합한가?)

□ 커튼과 벽지, 바닥재 등의 색과 무늬는?(방의 넓이에 맞는가?)

5

유지 관리 및 생활의
편리성을 생각한다

일상적으로 사용하는 가구와 일용품은 더러워지거나 상처가 나기도 한다. 또한 소재나 마감 방식에 따라 관리법과 내구성이 다양하므로 모든 물건에는 장점과 단점이 있다. 이 점을 염두에 두고 자신이 우선시 하는 것을 선택하자.
가구의 배치와 사이즈도 중요하다. 아무리 멋진 침대라도 침실을 꽉 채우는 크기라면 장점을 살리지 못할 뿐 아니라 청소도 어렵다. 일상적인 동작이 편리하도록 물건을 선택하고 배치하자.

CHECK LIST

□ 소재와 마감의 강도, 관리 방법이 생활에 적합한가?(신경을 많이 써야하는 아이템인가?)

□ 일상생활을 안전하게 할 수 있는가?(소재나 디자인 면에서 다칠 우려는 없는가?)

□ 가구의 배치는 청소하기에 쉬운가?(청소기를 돌릴 경우에 동선은 효율적인가?)

6

예산이 빠듯할 때는
우선순위를 정한다

예산이 적다는 이유로 모든 것을 타협해 선택하는 것은 금물이다. 주변에 어중간한 물건만 가득하면 결국에는 불만이 생긴다. 우선순위를 정해 마음에 드는 것들을 조금씩 갖추도록 하자. 스스로 선반 같은 것을 만드는 DIY도 비용을 줄이는 좋은 방법 중 하나다.
모든 것에 균일하게 돈을 쓸 필요는 없다. 꼭 원하는 부분에 예산을 쓴다면 다른 부분의 비용을 줄이더라도 만족감을 얻을 수 있다.

CHECK LIST

□ 인테리어에 드는 총 예산은?(합계를 내서 산출해 둔다.)

□ 장기적으로 할 경우, 어디부터 손을 댈 것인가?(우선순위를 정한다.)

□ 사용 기간을 고려해 구입한다(가격과 사용 기간, 만족도를 판단한다.)

3
LESSON

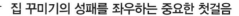

원하는 스타일을
찾아 만드는 법

이상적인 집을 만들기 위해 머릿속의 이미지를 정리하고,
방의 내장과 아이템에 대해 구체적으로 생각하는 방법을
소개한다.

▼
MY STYLE

좋아하는 소재와 디자인을 구체적으로 생각해 본다

집을 꾸밀 때 기준이 되는 '자기 스타일'을 찾는 것부터 시작하자. 인테리어 스타일은 다양하고, 각기 고유의 분위기 = 이미지를 갖고 있다. 그 분위기를 만드는 것이 인테리어를 구성하는 아이템의 '색', '형태', '소재', '질감'이다.

자신의 스타일을 결정할 때 '내가 좋아하는 것은 내추럴이다.' 라는 식으로 너무 광범위하게 잡아서는 안 된다. 같은 내추럴이라도 부드러운 느낌에서부터 하드한 느낌까지 이미지의 폭이 넓기 때문이다. 게다가 사람에 따라 느끼는 방식도 차이가 나기 때문에 같은 스타일이라도 마음에 그리는 이미지는 천차만별이다.

원하는 방을 만들기 위해 '가구의 색은 밝은 것으로, 라인은 투박한 수제품 느낌, 나뭇결이 눈에 띄는 오크재' 등과 같이 좋아하는 것을 컬러와 라인, 소재와 질감 등의 요소로 나누어 구체적으로 생각해 봐야 한다.

'차이'를 안다면 당신은 센스 있는 사람

인테리어 센스가 좋은 사람은 가구 매장이나 카탈로그를 보고 순식간에 가장 좋은 선택을 할 수 있다. 그것은 자신이 추구하는 인테리어의 방향성(자기 스타일)이 확실하고 아울러 물건의 특징과 좋고 나쁨을 정확하게 파악하는 능력이 뛰어나기 때문이다. 인테리어 아이템 중에는 비슷한 듯 보여도 실제로는 풍기는 멋이 다른 것이 있다. 그 차이를 가려내는 안목을 갖추는 것도 코디네이트에서는 중요하다.

인테리어 스타일은 라이프 스타일과도 직결된다. 예컨대 자연 소재가 세월의 흐름에 따라 변하는 멋을 즐기는 내추럴 스타일이라면 손질하고 낡아가는 것을 멋으로 여기는 마음이 필요하다. 디자인을 동경만 할 것이 아니라 자신이 어떤 생활을 하고 싶은지, 그것부터 생각해 스타일을 정해야한다.

심플 & 내추럴을 베이스로 좋아하는 물건을 전시
화이트 오크의 소재감과 심플한 디자인이 분위기 있는 오픈 선반.
가족들이 좋아하는 물건을 전시했다.(기무라 씨 집, 오카야마 현)

인테리어 이미지 4요소

COLOR / FORM / MATERIAL / TEXTURE

색, 형태, 소재, 질감의 4가지 요소로 나누어 살펴보면
원하는 인테리어를 완성하기 위해 선택해야 할 것의 특징을 쉽게 알 수 있다.

색감뿐만 아니라 밝기와 선명도에 따라
색의 개성과 이미지에 차이가 생긴다

색은 빨강, 파랑, 노랑 등의 색감뿐만 아니라 예컨대 빨강 중에서도 밝은 빨강에서부터 어두운 빨강까지, 선명한 빨강에서부터 칙칙한 빨강까지 다양하다. 자연적인 색과 인공적인 색, 활기찬 색과 차분한 색 등 색에는 각각의 이미지와 개성이 있어 색의 조합 방식, 사용하는 색의 배분에 따라 인테리어 분위기가 바뀐다.

가구와 조명, 무늬 등의 폼(form)과
라인(line)의 특징을 분석하고
이미지를 해석

가구와 조명의 아웃트라인, 디테일과 장식을 구성하는 형태를 말한다. 면인지 선인지, 굵은지 날씬한지, 직선인지 곡선인지, 유기적인 곡선인지 인공적인 곡선인지 등 형태와 선에 따라 이미지가 바뀌므로 추구하는 스타일의 특징에 맞는 폼을 선택해야한다. 패브릭 제품도 검토하자.

자연 소재인지 인공 소재인지에 따라
그리고 소재의 부드러움과
딱딱함에 따라 인상이 바뀐다

인테리어 아이템은 나무와 규조토, 면직물 등의 자연 소재와 플라스틱이나 스테인리스 등의 인공 소재가 있다. 또한 나무나 옷감 같은 부드러운 소재, 돌이나 쇠처럼 딱딱한 소재가 있다. 각 스타일의 이미지에 맞는 특징적인 소재를 택하면 그 스타일의 인테리어를 만들 수 있다.

같은 소재라도 마감이나 질감의
차이에 따라 인테리어 이미지가
크게 달라진다

내장과 가구에 사용되는 나무를 예로 들어보자. 같은 나무라도 울퉁불퉁한 자연스러운 표정을 살린 것인지, 깔끔하게 깎아 매끈매끈한 것인지, 도장을 하지 않은 것인지 우레탄(=수지) 도장으로 반질반질하게 마감한 것인지에 따라 이미지가 완전히 달라진다. 간과하기 쉽지만 인테리어 이미지를 좌우하는 중요한 요소다.

'4가지 요소'의 상세 특징

	색	형태(폼과 라인)	소재	질감
NATURAL 내추럴	갈색 느낌의 나무 색, 염색 또는 표백하지 않은 천연직물의 색, 자연색	자연스러운 곡선	나무, 테라코타, 마직물, 자연 소재, 수제품	거칠거칠, 꺼끌꺼끌, 울퉁불퉁
COUNTRY 컨트리	세월이 흘러 진해진 나무 색, 긁힌 자국 (스크래치)이 있는 색	자연스러운 곡선 중후함	오래된 나무, 벽돌, 면직물, 자연 소재, 수제품	거칠거칠, 꺼끌꺼끌, 울퉁불퉁
SIMPLE 심플	흰색, 염색 또는 표백하지 않은 천연직물의 색, 메탈릭, 무성격색	직선적 중심이 높다	스틸, 유리, 플라스틱, 인공 소재	반들반들, 매끈매끈
MODERN 모던	흰색, 검정색, 메탈릭, 비비드 컬러	직선적, 중심이 높다 긴장감 있는 형태	스틸, 유리, 가죽, 돌, 콘크리트	반들반들, 반짝반짝
CLASSICAL 클래식	갈색, 검정색, 남색, 차분한 색	곡선 중심이 낮다	나무, 가죽, 울, 실크	반들반들, 매끈매끈
JAPANESE & ASIAN 재패니스&아시안	갈색 나는 나무색, 자연색	직선 자연스러운 곡선	나무, 흙, 골풀, 등나무	거칠거칠, 까칠까칠

NATURAL

내추럴 스타일

나무, 흙, 가죽, 마직물 등 자연 소재를 활용
색감보다 질감을 중시한 스타일

형태

질감

소재

자연스러운 나무의 형태를 살린 대들보와 옹이가 있는 플로어링 등 나무의 따뜻함으로 채워진 인테리어.(도즈카 씨 집, 시즈오카 현)

4가지 요소

색 COLOR
나무와 도자기 타일, 염색 또는 표백하지 않은 천연직물 소재의 색
나무나 테라코타 타일 등의 갈색, 마직물이나 면직물의 염색 또는 표백하지 않은 천연색, 식물의 녹색, 흙의 베이지색 등 자연 소재가 가진 자체 색상 혹은 그것을 연상시키는 색.

형태(폼과 라인) FORM
의도한 디자인이 아닌 자연스러운 곡선과 직선
균일하지 않은 나무껍질 같은 자연스러운 곡선과 과도한 장식이 없는 직선.

소재 MATERIAL
나무, 흙, 가죽, 돌, 테라코타 등의 자연 소재
나무는 원목이나 천연목 베니어판. 패브릭은 면이나 마 등의 천연 섬유. 그밖에 규조토와 테라코타 타일 등.

질감 TEXTURE
소재 본래의 질감을 살린 마감과 분위기
나무와 가죽은 우레탄이 아닌 자연 소재의 오일이나 왁스 등으로 광택을 억제한 마감 처리. 거칠거칠, 울퉁불퉁한 질감.

내추럴 스타일은 나무와 흙 등의 자연 소재를 많이 사용한다. 색감보다는 자연스러운 소재감을 중시하는 것이 특징이다. 특별함을 내세우지 않는 디자인으로 편안함을 주기 때문에 모든 연령대에서 인기 있다.

가구와 바닥재 등의 나무 재질은 원목이나 천연목 베니어판으로 마감하고 도장은 무광택 타입. 패브릭은 면이나 마 등의 천연섬유나 자연스러운 느낌의 화학섬유가 적합하다.

색은 염색이나 표백을 하지 않은 천연직물의 자연 색이나 갈색, 그린 등 소재 본래의 색을 살린 어스 컬러(earth color)가 메인이다. 똑같은 '내추럴'이어도 심플한 타입과 따뜻함을 느끼게 하는 소박한 타입 등 사람에 따라 생각하는 것이 다르다. 본래의 내추럴 스타일은 통나무를 사용하거나 돌을 사용하는 오두막 같은 인테리어다.

다만 도시 주택에서는 라이프 스타일과 맞지 않기 때문에 자연 소재의 질감은 남긴 채 직선적이고 장식이 적은 깔끔한 디자인의 세련된 내추럴 스타일이 주류를 이루고 있다.

나뭇결이 자연스러운 침대
나라재의 나뭇결을 살린 디자인. 철제 다리가 스타일리시하다. '그리스 베드', W102.4×D211×H82.5cm ¥68,400(평상형, 매트리스는 별매)/ CRASH GATE

깊은 멋이 있는 가죽의 질감을 즐긴다
애쉬 원목 프레임에 오일드 카우하이드 가죽 쿠션을 조합한 소파. 'DELMAR SOFA' W195×D85×H76(SH42)cm ¥308,880/ ACME Furniture(p.103)

'세월의 멋'이 기대되는 테이블
오크 원목을 이은 상판은 거의 도장하지 않은 자연스러운 질감. 'JARVI DINING TABLE', W200×D90×H72cm ¥232,200 (의자는 'ILMA DINING CHAIR')/ 슬로우 하우스.

아름다운 곡선의 에콜 원목 의자
1920년 설립된 영국 가구업체 '에콜(ERCOL)'의 대표작인 윈저 체어를 2인용으로 만든 '에콜 러브 시트', W117×D53×H77(SH42)cm ¥213,840/ 다니엘

VARIATION (응용편)

투박한 소재감을 더한 강한 내추럴
오래된 나무와 가죽의 멋이 느껴지는 질감에 나무와 쇠 등의 딱딱한 소재를 더한 내추럴 인테리어.(오모리 씨 집, 도쿄 도)

날씬한 라인을 더한 부드러운 내추럴
부드러운 색의 규조토 벽과 작은 전구만 달린 조명 등 부드러운 느낌의 내추럴 인테리어.(야마구치 씨 집, 야마나시 현)

SIMPLE

심플 스타일

시원한 느낌으로 어디에나 잘 어울리는
도시적인 스타일

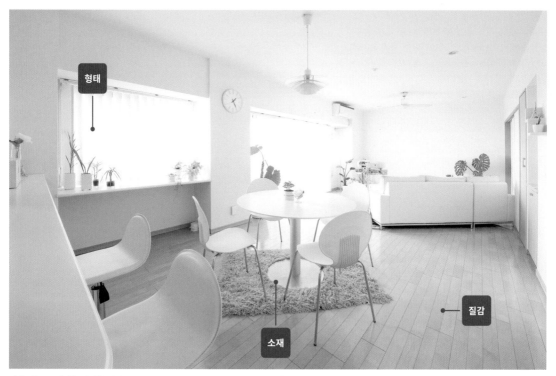

형태

질감

소재

밝은 색 플로어링을 제외한 거의 모든 아이템이 흰색이라 넓게 느껴지는 LD.(MUJI 씨 집)

4가지 요소

색 COLOR

흰색과 베이지 등의 '무성격색'과 한색계
흰색, 염색 또는 표백하지 않은 천연직물의 색. 베이지나 실버 등 무성격색이라 불리는 색. 밝고 가볍게 느껴지는 색. 소량의 그린과 블루 등의 한색.

형태(폼과 라인) FORM

가는 직선과 단순화된 인공적인 곡선
깔끔하고 균일한 직선, 경쾌하고 가는 직선, 단순하게 디자인된 인공적인 곡선, 평평한 면, 장식이 없는 미니멀 디자인.

소재 MATERIAL

나뭇결의 느낌이 없는 나무, 스틸, 타일 등
나무는 나뭇결이 두드러지지 않는 수종과 합판 등. 스틸과 스테인리스, 플라스틱, 타일, 페인트, 유리, 화학섬유 등.

질감 TEXTURE

소재감을 억제한 부드럽고 평평한 마감 처리
나무는 래커나 우레탄으로 질감을 억제한 마감 처리. 얼룩이 없고 균일하고 평평한 마감. 매끈매끈, 반들반들한 느낌.

심플 스타일의 특징은 화려한 장식이나 복잡한 라인이 없고 깔끔하다는 점이다. 자신을 내세우지 않는 디자인으로 어디에나 잘 어울리며 깨끗하고 기능적이다. 쿨하고 도시적인 인상을 주어 신축 빌라 등에서도 많이 볼 수 있다.

가구와 바닥재 등의 나무 부분은 원목이나 베니어판을 사용하는데 마감은 항상 부드럽게(매끈하게). 스틸과 플라스틱, 타일, 페인트 등도 반들반들하고 매끈매끈한 질감으로 마감한다. 패브릭은 천연섬유 외에 기능적인 화학섬유도 잘 어울린다.

디자인은 깔끔한 직선이 기본이며 곡선일 경우에는 단순화된 인공적 라인으로. 색은 흰색, 염색 또는 표백하지 않은 천연직물의 색, 베이지 등의 '무성격색'이라 불리는 색이 메인이다. 그 밖에 연한 그린, 실버 등의 메탈릭 컬러도 사용된다. 하얀 캔버스 같은 인테리어이므로 여러 가지 스타일의 아이템을 믹스하는 '자기만의 스타일' 베이스로 사용하기에도 좋다.

60년 넘게 사랑받는 선반
N 스트리닝이 1949년에 디자인해 지금도 스웨덴에서 제조되고 있는 'string'의 콤팩트 판.
'string pocket' W60×D15×H50cm
¥19,440/ SEMPRE HONTEN)

어떤 공간이든 잘 어울리는 일반적인 형태
장식을 배제하고 필요한 최소한의 기능을 심플하고 일반적인 디자인으로 표현. 오크 원목을 오일로 마감 처리.
'DTT 식탁' W160×D85×H72cm
¥149,040/ FILE

여러 스타일로 이용하는 소파
엎드리기도 하고 놀이도 하는 다용도 소파. 커버링 방식. '소파 벤치 본체'
W180×D90×H60.5(SH40.5)cm
¥65,000 '커버'(그레이 베이지× 브라운) ¥14,000/ 무인양품

북유럽 디자인계 거장의 명작
건축가이자 디자이너인 A 야콥센이 만든 미니멀 디자인. '프리츠 한센 세븐 체어'(애쉬드 컬러)
W50×D52×H78(SH44)cm
¥56,160/ SEMPRE HONTEN

나무의 질감을 더한 내추럴 심플
깔끔한 라인과 페인트 벽, 심플하고 내추럴한 나무의 따뜻함이 느껴지는 스타일.(오모테 씨 집, 도쿄 도)

차분한 컬러로 통일한 세련된 심플
직선과 평평한 디자인이 많은 심플 스타일에 진한 목재 가구로 세련되게 악센트를 준 차분한 스타일.(히키다 씨 집)

COUNTRY

컨트리 스타일

옛 시골집 같은
소박하고 따뜻한 스타일

고재의 굵은 대들보와 깊은 멋이 나는 테라코타 타일, 오래된 가구가 빚어내는 옛날 시골집 같은 모습.(다케에 씨 집, 니가타 현)

4가지 요소

색 COLOR

자연 소재의 색과 해묵은 느낌의 색
나무나 벽돌의 갈색, 흙의 베이지, 돌의 먹색 등 자연
소재 색이나 자연을 연상시키는 색. 오랜 세월이 흘
러 진해진 색, 긁혀서 연해진 색.

소재 MATERIAL

옹이가 있는 나무, 울 등의 소박한 자연 소재
파인재 등 나뭇결과 옹이가 뚜렷한 나무, 테라코타,
흙, 돌, 벽돌, 놋쇠나 로트 아이언(연철). 천은 면, 마
직물, 울.

형태(폼과 라인) FORM

옛 모습 그대로의 장식과
투박한 수제품 느낌의 디자인
투박한 느낌의 수제풍. 균일하지 않은 마감 처리. 옛
모습 그대로의 전통적인 장식 디자인. 둥그스름하
고 두툼한 형태.

질감 TEXTURE

소재를 살린 거친 수제품 느낌과 긁힌 듯한 질감
소재 본래의 질감을 살려 거의 도장하지 않은 것처
럼 보이도록 마감 처리. 수제풍의 거친 느낌. 시간
이 지나면서 긁힌 느낌. 거칠거칠, 울퉁불퉁한 질감.

컨트리 스타일에는 영국 귀족 주택인 '컨트리 하우스'의 계통을 잇는 브리티시 컨트리와 프랑스 프로방스 지방의 프렌치 컨트리 외에도 얼리 아메리칸, 셰이커(shaker), 산타페 등 폭넓은 스타일의 아메리칸 컨트리 등 다양한 종류가 있다. 공통점은 소박한 시골집 같은 인테리어라는 것. 일본의 오래된 민가 이미지다.

가구는 유럽과 미국의 전통적인 스타일을 기본으로 수제품 느낌을 더한 것. 원목 파인재와 오크재 등을 사용하며 나무의 질감을 살리는 자연 도료나 페인트로 마감한다.
내장은 수십 년간 거기에 있었던 듯한 올드 파인 등의 고재를 사용하거나 해진 듯한 느낌으로(Shabby) 마감. 커튼레일이나 도어 손잡이 등의 금속부분은 철재와 고색(古色) 처리한 놋쇠가 어울린다. 패브릭은 면, 마, 울이 많고 색 바랜 듯한 꽃무늬나 체크무늬가 자주 사용된다. 따뜻함이 있는 슬로 라이프를 즐기는 스타일이다.

샤비 시크한 프랑스제 가구
화가 폴 세잔느의 아틀리에 창틀 색으로 알려진 '세잔느 그레이'로 페인트칠한 가구. '프롬 프로방스 데스크'
W111×D66×H76.5cm ￥144,720/ 모빌리 그란데

향수를 불러일으키는 꽃무늬 소파
클래식한 형태의 커버링 소파. '캠브리지 30주년 기념 체어'(페어손 내추럴) W78×D88×H89(SH42)cm
￥106,920/ 로라 애슐리

중후한 컨트리 스타일
올드 파인재를 사용한 전통적인 디자인의 테이블. '그레이트 올드 파인 팜 하우스 테이블'
W180×D90×H78cm ￥376,920〜/ RUSTIC TWENTY SEVEN

화이트 파인 원목 서랍장
영국의 팜 하우스에서 볼 수 있는 녹로 다리가 달린 서랍장. 손잡이는 선택 가능. '러스틱 파인 체스트'
W90×D45×H80cm ￥195,480/ RUSTIC TWENTY SEVEN

VARIATION (응용편)

소박하고 따뜻함이 있는 컨트리 스타일
회반죽 벽, 파인재 가구, 격자창에 직접 만든 커튼 등 유럽의 컨트리 하우스를 그대로 재현.(구니가타 씨 집, 오카야마 현)

여성스러운 프렌치 컨트리
앤티크 파인과 낡은 질감의 가구, 무심하게 쳐 놓은 커튼 등의 프렌치 컨트리.(후지타 씨 집, 도쿄 도)

MODERN

모던 스타일

딱딱하고 광택 있는 소재와 무채색
직선적인 디자인이 쿨한 인상을 주는 스타일

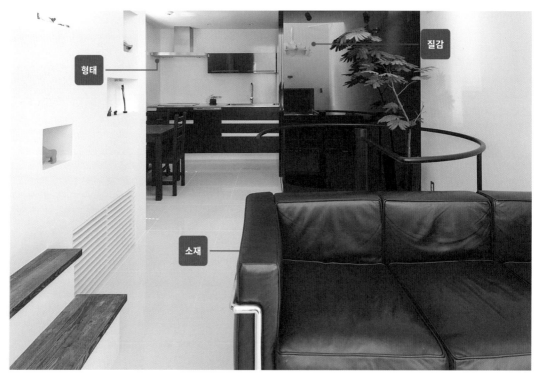

형태

질감

소재

타일을 깐 마루와 검은 유리벽 등 광택 나는 면과 샤프한 라인이 도시적인 인테리어.(H 씨 집. 도쿄 도)

4가지 요소

색 COLOR

무채색과 메탈릭, 비비드 컬러

흰색, 그레이, 검정 등의 무채색과 광택이 있는 메탈릭 컬러, 분명하고 선명한 비비드 컬러.

형태(폼과 라인) FORM

샤프한 직선과 면, 인공적인 곡선 등

샤프한 직선과 평평한 면, 인공적으로 디자인된 곡선으로 구성. 무지 또는 스트라이프. 중심이 높고 긴 장감 있는 형태.

소재 MATERIAL

유리처럼 딱딱한 무기물적, 인공적인 소재

나뭇결이 깔끔하거나 덧칠로 나뭇결을 감춘 목재. 콘크리트나 유리 등의 딱딱하고 무기물적인 소재. 가죽. 치밀한 방직과 패브릭.

질감 TEXTURE

광택이 균일하며 쿨하고 딱딱한 느낌의 질감

광택이 있고 얼룩이 없는 균일한 마감 처리. 중량감 있는 느낌 또는 경쾌한 느낌. 쿨. 딱딱한 느낌. 반들반들, 반짝반짝한 느낌.

모던에도 다양한 스타일이 있는데 대표적인 것이 이탈리아 모던이다. 유명 건축가가 디자인한 가구는 디자인의 참신함은 물론 사회적 지위의 상징으로서 각계의 유명 인사들에게 인기가 있다. 소파와 의자에는 천연가죽 등 질 좋은 소재를 사용하고 테이블에는 유리나 크롬 처리한 스틸 등을 사용해 심플하고 존재감 있는 디자인이 많다. 아메리칸 모던은 미드 센츄리라고도 불리는 1950년대에 유행한 스타일을 재현한 것. 가구는 당시의 신소재였던 플라스틱이나 합판 등으로 만들어진 캐주얼하고 기능적인 디자인이다.

모던 스타일의 공통점은 샤프한 직선과 면, 인공적인 곡선 등으로 구성된 디자인이다. 다리를 가늘게 만들고 중심을 높인 긴장감 있는 형태도 특징이다. 소재는 스틸과 타일, 콘크리트와 유리 등의 무기물적이고 딱딱한 것이 많으며 질감은 광택이 나는 느낌. 색은 무채색과 비비드 컬러로 전체적으로는 선명한 인상을 준다.

로코르뷔지에의 명작
로코르뷔지에의 디자인. 다리는 당시 비행기에 사용되었다는 금속 파이프. 'LC6 이블'W225×D85×H69~74cm ¥604,800/ CASSINA-IXC

기능적이면서 아름다운 명작 테이블
아이린 그레이(Eileen Gray)가 디자인한 상판의 높이를 조절할 수 있는 사이드 테이블. 'Adjustable Table E1027' Ø52×H64~102cm ¥135,000/ hhstyle.com 아오야마 본점

익스시(IXC)의 오리지널 소파
건축가 D. 치퍼필드(David Chipperfield)가 디자인한 경쾌한 느낌의 소파. 'Air Frame Mid Sofa'(천 소파) W68×D61×H67.5 (SH43)cm ¥220,320~/ CASSINA-IXC

명품 '그랑 콩포르(GRAND COMFORT)'의 파생형
로코르뷔지에, 피에르 잔느레, 샬로트 페리앙에의 디자인. 'LC3 소파'(가죽 소파) W168×D73×H60.5(SH42)cm ¥1,231,200/ CASSINA-IXC

VARIATION (응용편)

질감을 더한 내추럴 모던
고급스러운 느낌의 월넛재 마루와 벽, 모던한 디자인의 가구와 비비드한 컬러가 조화를 이룬다.(Y 씨 집, 효고 현)

밝고 경쾌한 클리어 & 쿨 모던
흰색과 그레이를 기조색으로 한 고즈넉한 공간. 가는 선이 경쾌하고, 투명감으로 탁 트인 느낌을 주는 인테리어.(모토이 씨 집)

CLASSICAL

클래식 스타일

유럽 전통 양식을 기초로 한
포멀한 느낌의 스타일

질감

소재

형태

150년 전의 프랑스제 맨틀피스를 중심에 놓고 고급 앤티크 가구를 대칭적으로 배치한 격조 높은 살롱.(요시무라 씨 집. 후쿠오카 현)

4가지 요소

색 COLOR

나무와 가죽의 깊이 있는 갈색과 품위 있는 색조
나무의 짙은 갈색과 가죽의 갈색. 다크 그린과 네이비, 연지색 등 깊이 있는 다크 톤. 차분한 느낌의 품위 있는 옅은 색인 라이트 그레이시 톤.

형태(폼과 라인) FORM

우아한 곡선과 묵직한 직선, 좌우 대칭
각 양식의 고유한 장식을 가미한 우아한 라인. 여유 있는 곡선. 디자인된 복잡한 곡선. 굵은 직선. 좌우 대칭의 형태.

소재 MATERIAL

천연목과 대리석 등 천연 고급 소재
나뭇결이 아름다운 마호가니나 오크, 월넛 등 재질이 딱딱한 나무. 고유한 양식의 무늬와 직조방식을 가진 패브릭. 천연 섬유. 놋쇠. 대리석.

질감 TEXTURE

균일하고 정밀한 마감으로 자연스러운 광택
단단하고 굳은 질감. 균일하고 정밀한 마감. 도장과 윤내기로 자연스러운 윤기와 광택. 반들반들, 매끈매끈한 느낌.

클래식 스타일은 유럽의 전통적인 건축 양식과 장식 양식을 도입한 인테리어다. 양식의 특징은 나라와 시대에 따라 다양한데 인기가 높은 것은 영국의 클래식 스타일이다. 18세기 초 앤 여왕시대의 퀸 앤 스타일은 둥근 구슬을 쥐고 있는 고양이 발 모양의 가구로 친숙하다. 마호가니재 가구가 많은 조지안 스타일, 심플하고 세련된 리젠시 스타일, 이전 시대의 양식을 다양하게 절충한 빅토리안 스타일 등도 있다.

엘리건트 스타일의 대표격인 로코코는 프랑스의 루이 15세 시대 양식이다. 프랑스에서 유럽 귀족사회로 확대되었고 조각과 상감 세공을 넣은 우아한 디자인이 특징이다.

클래식 스타일은 이러한 양식의 앤티크 가구나 리프로덕션 가구를 중심에 두고 좌우대칭으로 배치한다. 천연 소재로 코디네이트 하는 포멀한 느낌의 인테리어다.

전통적인 디자인을 유지
상판을 늘릴 수 있는 테이블.
'노스쇼어 더블 페데스탈 테이블'
W112×D185·231·276×H76cm
￥187,920(의자는 별매)/
애슐리 퍼니처 홈스토어

쉐라톤 양식의 리프로덕션 가구
다이아나 전 황태자비의 생가인 스펜서 백작가의 가구를 리프로덕션한 것. '조지 3세 쉐라톤 양식 캐비닛'
약 W85×D43×H216.5cm
￥1,058,400/ 니시무라 무역

프렌치 스타일의 체어
프로방스 지방의 스타일을 연상시키는 앤티크풍으로 도장한 여성스러운 디자인. '프로방셸'
W51×D57.5×H92(SH47.5)cm
￥59,400/ 로라 애슐리

영국제 핸드메이드 소파
영국 '플레밍&홀랜드(FLEMING& HOWLAND)'의 체스터필드 소파.
수작업으로 가죽을 염색한 '에어 룸 콜렉션 윌리엄 브레이크 소파' 3인용
￥1,139,400/ 고마치 가구

VARIATION (응용편)

우아하고 여성적인 엘리건트 스타일
드레이프와 스크롤, 광택 나는 패브릭 등을 연한 색으로 맞춰 귀부인 같은 화려함을 표현.(스기모토 씨 집, 도쿄 도)

섬세한 라인의 아이템이 격조 높은 인상
엷은 색으로 품위있게 코디네이트 된 조지안 양식의 인테리어.
(T 씨 집, 가나가와 현)

BROOKLYN

브루클린 스타일

빈티지의 멋스러움과 아트의 조화

소재

질감

형태

운치 있게 벽돌로 쌓은 벽에 빈티지 버스 사인을 걸었다. 공장에서 사용했을 법한 투박한 디자인의 조명도 악센트.(치바 씨 집)

뉴욕 허드슨 강 동쪽 연안에 위치한 브루클린. 맨해튼과 가깝고 주거비도 싸기 때문에 젊은 아티스트들이 살면서 독특한 문화를 발전시켰다. 인테리어는 돈을 들이지 않고 오래된 것을 고쳐 자기만의 취향으로 만들어내는 스타일이다.
원래 공장지대라서 오래된 타운 하우스가 많기 때문에 벽돌이나 쇠 등의 투박한 소재감이 특징이다. 운치 있는 빈티지 가구와 패브릭, 아트 등도 포인트다.

빈티지 가죽 트렁크에 다리를 붙인 리메이크 제품을 커피 테이블로 사용.(치바 씨 집)

4가지 요소

색 COLOR

오래된 건물의 내장과 빈티지 제품의 차분한 색
벽돌색과 철의 검은색, 스틸의 실버, 빈티지 가구와 가죽제품의 갈색 등 오래된 건물이나 공장의 내장과 빈티지 제품 같은 차분한 느낌의 색.

형태(폼과 라인) FORM

직선과 단순화된 인공적인 곡선
투박한 직선, 미드 센추리 모던처럼 디자인으로 단순화된 인공적인 곡선. 낡아서 모서리가 떨어져나간 형태.

소재 MATERIAL

오래된 벽돌과 가죽, 철, 스틸, 자연 소재
오래된 벽돌과 가죽, 철, 공업제품 같은 스틸, 유리, 오래된 나무, 플라이우드(합판) 등. 울, 마직물 등의 자연 소재.

질감 TEXTURE

소재감과 낡은 느낌이 나는 하드한 질감
오래된 벽돌과 철 등의 울퉁불퉁하고 거친 느낌. 오래돼 흐물흐물한 질감, 마감 처리나 페인트가 벗겨져 거친 표면.

WEST COAST

미국 서해안 스타일

해변에 어울리는 러프한 릴렉스 스타일

캘리포니안 스타일이라고도 하는 이 인테리어는 바닷가 생활을 의식한 내추럴함을 추구하는 것이 특징. 아웃도어와 서핑 문화를 실내에서도 느낄 수 있으며 나무나 철재 등의 소재는 바닷바람에 노출되어 마감 처리나 페인트가 벗겨지는 등 시간과 함께 낡아가는 거친 질감을 표현. 빈티지 가구와 수제품, 포크 아트 등을 믹스해 자기만의 개성을 표현한다. 큰 창을 통해 경치를 즐기며 느긋하고 캐주얼한 편안함을 느낄 수 있는 스타일이다.

소재

질감

형태

캘리포니아에 갈 일이 많다는 가와무라 씨의 거실. 바닥은 고재, 천장과 벽에는 패널을 붙여 페인트로 마감.(가와무라 씨 집, 가나가와 현)

취미를 위한 공간에 철제 라커와 서핑 보드, 스케이트 보드가 보인다.(가와무라 씨 집, 가나가와 현)

4가지 요소

색 COLOR

자연 소재의 색과 바랜 듯한 색
돌과 나무, 흙 등의 자연 소재 색깔, 바닷바람에 노출되어 퇴색된 듯한 나무와 철재의 색. 빈티지 데님처럼 밝은 블루, 식물의 그린.

형태(폼과 라인) FORM

소박하고 꾸밈없는 직선과 단순한 곡선
소박한 직선, 미드 센추리 모던처럼 단순한 곡선, 포크아트 등의 원시적인 형상, 식물의 자연스러운 형태 등.

소재 MATERIAL

자연 소재나 해묵은 낡은 소재
천연목, 돌, 흙, 면, 가죽 등의 자연 소재. 스틸. 고재나 빈티지 데님 등의 해묵은 낡은 소재. 페인트.

질감 TEXTURE

자연스러운 소재감과 세월이 느껴지는 러프함
고재 등의 꺼칠꺼칠한 질감. 돌과 같은 천연소재의 울퉁불퉁한 질감. 마감 처리를 하지 않은 러프한 느낌 등.

INDUSTRIAL

인더스트리얼 스타일

무기물적인 느낌의 공장이나 창고 분위기를 강조한 딱딱한 스타일

천장이 높고 널찍한 공간에 콘크리트를 노출한 벽과 신을 신은 채로 걸어도 될 것 같은 모르타르와 거친 바닥, 노출 배관과 업무용 집기 등 공장이나 창고를 개조한 듯 하드한 요소를 많이 사용하는 스타일이다. 색은 스틸과 나무, 콘크리트 등 소재 본연의 색. 손때 묻은 빈티지 가구와 기름기 밴 듯한 가죽의 운치 있는 소재감, 리벳(금속판을 잇는데 박는 대갈못 – 옮긴이)이나 나사못을 그대로 보여주는 투박한 디자인도 특징이다.

콘크리트와 나무를 내장재로 쓰고 낡은 쇠와 나무, 가죽 등의 가구를 조합해 운치 있는 인테리어.(데라니시 씨 집, 도쿄 도)

창고나 점포에서 사용하는 이탈리아제 '메탈 시스템'을 수납에 활용.(N 씨 집, 가나가와 현)

4가지 요소

색 COLOR
시간의 경과와 함께 진해진
차분하고 무기물적인 색
나무와 콘크리트, 철 등의 소재 본연의 색. 손때가 묻어 멋이 배어나오는 진한 색.

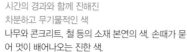

형태(폼과 라인) FORM
투박하고 직선적, 기능적이고 튼튼한 느낌
기능적이고 장식이 없는 거칠고 직선적인 디자인. 라인은 빈틈없고 투박하며 선보다 면으로 구성. 중심은 약간 낮고 중량감이 느껴진다.

소재 MATERIAL
자연소재와 무기물 소재로 쿨하게
원목 등의 자연소재. 낡아서 멋스러운 고재나 가죽, 딱딱함과 무게감이 느껴지는 콘크리트와 철, 스틸, 양철 등의 무기물 소재.

질감 TEXTURE
소재 본연의 질감을 살린 다듬어지지 않은 느낌
소재 자체의 질감을 살려 마감 처리를 하지 않은 듯한 거친 질감. 까칠까칠, 울퉁불퉁한 느낌.

CRAFT

크래프트 스타일

손으로 만든 소박하고 따뜻한 스타일

흰색 회반죽과 페인트로 칠한 벽, DIY 선반과 커튼, 벼룩시장에서 산 중고 가구와 오래된 유리병, 작가가 만든 그릇 등 핸드메이드의 따스함이 전해지는 인테리어다.

색은 염색 또는 표백하지 않은 천연직물의 색이나 자연 소재 그대로의 색, 형태는 화려한 장식이 없는 소박한 모양. 색과 형태가 심플한 만큼 고재와 린넨, 양철, 대나무와 물풀 바구니 등의 소재감이 부각되는 것이 특징이다. 손수 만들어 정성이 묻어나는 스타일이다.

심플한 오픈 키친에는 골동품점에서 찾아냈다는 목제 선반과 유리 진열장을 조화롭게 배치해 따뜻한 분위기.(미우라 씨 집, 오사카부)

일본식 방에 DIY로 페인트칠을 하고 마루를 깔아 단장한 자택 아틀리에.(스즈키 씨 집, 사이타마현)

4가지 요소

색 COLOR

염색 또는 표백하지 않은 천연직물의 색이나 고재 등의 부드러운 색

나무와 양철, 대나무, 물풀, 린넨 등의 소재 자체의 색. 오래 써서 멋이 묻어나는 진한 색. 염색 또는 표백하지 않은 천연직물의 색이나 아이보리 등의 부드러운 색.

소재 MATERIAL

자연 소재와 오래되어 멋있는 소재

원목이나 회반죽, 대나무, 풀, 린넨 등의 자연 소재. 오래 되어 멋이 더해진 고재나 양철, 기포가 남아 있는 오래된 유리 등.

형태(폼과 라인) FORM

심플한 형태와 날씬한 라인

장식이 없는 심플한 직선, 튀지 않는 날씬한 라인, 수제 느낌이 나는 소박한 형태.

질감 TEXTURE

자연 소재 그대로의 소박한 질감

소재 자체의 질감을 살려 자연 소재나 오래된 소재 그대로의 소박한 질감. 시간의 경과로 인해 부드러워진 질감. 매끈매끈, 까칠까칠한 느낌.

SCANDINAVIAN

북유럽 스타일

유기적이고 간소화된 라인이 심플한 스타일

북유럽 모던이라고도 하는데, 밝은 색 플라이우드 가구부터 운치 있는 북유럽 빈티지 가구까지 내추럴한 아이템을 활용해 전체적으로 심플하고 모던한 인상을 주는 것이 특징이다.

직선과 곡선이 조화된 디자인으로, 북유럽 자연을 모티프로 한 유기적이고 간소한 라인은 따뜻하면서도 세련된 느낌이다. 도시적인 심플 인테리어에도 잘 어울린다.

소재

질감

형태

알바 알토(Alvar Aalto)의 테이블&체어와 선반, 라이트 이어즈(Light Years)사의 조명 '카라바지오'로 코디네이트한 다이닝 룸. (N 씨 집, 가나가와 현)

덴마크 페터 비트(Peter Hvidt)& 몰가드(Orla Møl-gaard-Nielsen)의 작품인 사이드보드가 멋진 코너. (N 씨 집, 가나가와 현)

4가지 요소

색 COLOR
나무색의 농담(濃淡)과 북유럽 자연의 색
베이지부터 짙은 밤색까지 다양한 나무색, 숲과 호수를 연상시키는 북유럽 자연의 색.

형태(폼과 라인) FORM
직선과 단순화한 인공적 곡선
깔끔한 직선, 단순하게 디자인된 유기적이고 인공적인 곡선, 평평한 면.

소재 MATERIAL
천연목과 합판, 스테인리스와 수지 등
천연목, 플라이우드(합판), 나뭇결이 두드러져 보이지 않는 나무. 울, 마직물 등의 자연소재. 도기나 타일, 스틸, 유리 등의 무기물 소재.

질감 TEXTURE
소재감을 살리면서 자연스럽게 마감 처리
천연목의 소재감을 살려 균일하고 자연스럽게 마감. 래커 칠처럼 나뭇결을 가리는 마감. 매끈매끈, 까칠까칠, 반들반들한 느낌.

FRENCH

프렌치 스타일

클래식을 기본으로 모던을 믹스

형태

질감

소재

파리에는 오래된 건물이 많아 리노베이션해 사는 집이 많다. 실내 기본적인 부분은 시대 양식에 따른 클래식한 모티브의 장식이 남아 있는 경우가 많아 거기에 새로운 소재나 디자인을 가미해 자기만의 인테리어를 즐긴다.

원목이나 천연석 바닥, 회반죽으로 칠한 벽, 철제 커튼 레일 등을 이용한 남프랑스의 프로방스 지방에서 볼 수 있는 컨트리 스타일도 인기다.

장식을 단 문과 앤티크 체어, 샹들리에가 클래식한 분위기. 거기에 심플한 테이블을 매치했다.(roshi 씨 집, 사이타마 현)

검은 프레임의 실내창을 배경으로 프렌치 컨트리풍 테이블을 배치.(나토리 씨 집, 가나가와 현)

4가지 요소

색 COLOR

오래된 건물에 남아 있는 돌과 회반죽, 놋쇠 등의 색

나무의 갈색계통 색, 회반죽과 린넨, 돌 등의 아이보리, 베이지, 회색. 철재의 검정색. 놋쇠의 차분한 골드.

 소재 MATERIAL

고재나 돌, 흙, 회반죽, 철재, 마직물 등

나무, 회반죽, 놋쇠, 고재나 그 지역에서 생산된 흙, 돌, 타일, 로트 아이언(연철) 등의 부재. 패브릭은 린넨과 면 등.

 형태(폼과 라인) FORM

여유로운 곡선 라인과 우아한 장식

아치나 커브를 그리는 여유로운 곡선과 소박한 디자인. 클래식한 건축양식을 계승한 우아한 형태.

 질감 TEXTURE

세월이 흘러 변한 질감과 러프한 마감

소재감을 살린 자연스러운 마감. 오래되어 긁힌 느낌. 페인트가 벗겨진 듯한 앤티크 풍 마감 처리.

JAPANESE MODERN

재패니스 모던 스타일

자연 소재를 이용해 '공간'을 살린 스타일

발과 장지문 등 다실(茶室)풍 주택의 운치를 살려 리노베이션한 집. 손때 묻은 나무가 주는 멋이 있다.(U 씨 집, 오사카 부)

재패니스 모던은 다실풍 건물로 대표되는 간소한 공간 구성과 서양식 생활방식을 접목한 스타일이다. 가구의 라인은 직선이며 칠하지 않은 것이 대부분. 패브릭은 자연을 추상화한 무늬나 무지이며, 일본 종이와 장지문 등이 사용된다. 민예가구 등으로 꾸민 고택 스타일도 있다.

나무 부분은 짙은 갈색으로 마감하고 패브릭은 쪽 염색 등 소박한 것이 어울린다. '좌식 스타일' 또는 낮은 타입의 소파로 시선을 낮춘 것이 특징이다.

카레 클린트(Kaare Klint)의 '사파리 체어'를 놓고 바닥에 디스플레이를 한 거실(고스게 씨 집, 효고 현)

4가지 요소

색 COLOR

자연 소재 그대로의 색, 천연염색한 색
도장하지 않은 나무와 고재 등의 진하거나 연한 갈색 계통, 골풀 등의 연한 그린, 흙의 베이지 등 어스 컬러(earth color), 옻의 검은색, 쪽 등의 천연염료로 염색한 차분한 색.

소재 MATERIAL

나무, 흙, 종이, 골풀, 마직물 등의 자연 소재
도장하지 않은 나무, 자연 소재의 도장한 나무, 대나무, 고재, 흙, 골풀과 물풀 등의 자연 소재. 일본 종이(和紙), 천연섬유 직물. 철재.

형태(폼과 라인) FORM

직선과 굵직한 라인, 유기적인 곡선
깔끔한 직선. 굵직한 라인. 수목의 형태를 살린 균일하지 않은 곡선, 유기적인 곡선. 좌우 비대칭.

질감 TEXTURE

소재의 질감을 살린 마감 처리
무도장. 소재를 살린 자연스러운 질감. 수제 느낌. 까칠까칠, 울퉁불퉁하고 균일하지 않은 마감 처리. 옻, 감물 등의 자연 도료로 마감.

CHAPTER

3

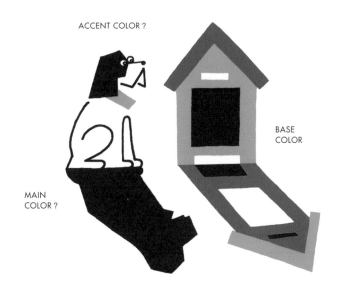

ACCENT COLOR ?

BASE COLOR

MAIN COLOR ?

COLOR COORDINATION

내장재부터 패브릭까지 인테리어를 좌우하는 컬러 코디네이트
기본 이론과 테크닉까지 차근차근 배워보자

1

초보자도 '색'을 마스터할 수 있는 황금 비율

컬러 '배분'은
7 : 2.5 : 0.5

컬러 코디네이트는 단순히 색을 '맞춘다'는 의미가 아니다.
통일감 있으면서도 단조롭지 않은 색의 배분법을 알아보자.

▽ COLOR BALANCE

**같은 색을 사용해도 배분법이 다르면
이미지가 달라진다**

인테리어에서 컬러 코디네이트는 방안의 물건 색을 '통일'하는 것
이 아니다. 내장과 가구, 소품에 이르기까지 색의 조화를 꾀하는
것이 본래 의미이다. 따라서 색과 색의 '어울림은 물론이고 어떤
색을 어느 정도의 면적에 사용할 것인가 하는 색의 '배분'도 중요
하다. 흰색과 검은색의 패션을 예로 들면 흰 옷에 검은 소품을 코
디할 때와 그 반대일 경우 인상이 완전히 달라진다. 인테리어에서
도 색의 면적비가 다르면 이미지가 달라지는 법이다.

초보자는 먼저 인테리어에 사용하고 싶은 색을 '베이스 컬러', '메
인 컬러', '포인트 컬러'로 나누고 70%+25%+5%로 배분해보자. 여
러 색을 같은 양으로 사용하는 인테리어도 있지만 그러기 위해서
는 수준 높은 감각과 지식이 있어야 한다. 색의 배분에 차이를 둠
으로써 원하는 인테리어 이미지를 쉽게 알 수 있고, 강한 색도 쉽
게 조화시킬 수 있다. 안정감 있으면서 긴장감도 있는 컬러 밸런스
(color-balance)로 마음에 드는 방을 꾸며보자.

색의 배분 밸런스

25%
메인 컬러
소파, 커튼 등에 사용하는 색.
방의 컬러 이미지를 결정한다.

5%
포인트 컬러
쿠션 등의 소품에 사용하
는 색. 시선을 끌고 방에
포인트를 준다.

**COLOR
BALANCE**

70%
베이스 컬러
바닥, 벽, 천장 등의 넓은 범위
에 사용하는 색. 방의 기본적인
이미지를 만든다.

**모브핑크를 메인 컬러로 한
여자 아이 방에 어울리는 코디네이트**
베이스 컬러는 천장과 허리벽에 사용한 흰색, 메
인 컬러는 모브핑크. 라이트 블루를 포인트 컬러
로.(이노우에 씨 집, 오사카 부)

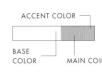

ACCENT COLOR

BASE
COLOR   MAIN CO

COLOR BALANCE
색의 배분과 그 효과

포인트 컬러

쿠션 등 소품에 사용하는 색으로, 면적은 전체의 5% 정도. 면적이 작지만 눈길을 끄는 색.

베이스 컬러

바닥, 벽, 천장 등의 넓은 면적에 사용하는 색. 면적은 전체의 70% 정도. 방의 기본적인 이미지가 되는 색.

메인 컬러

소파, 커튼 등에 사용하는 색. 면적은 전체의 25% 정도. 방의 컬러 이미지를 결정하는 색

그린을 메인 컬러로 한
내추럴하고 차분한 코디네이트

플로어링과 다이닝 가구, 실내창 등의 내추럴한 나무색을 베이스로 하고, 주방 카운터의 타일, DIY로 페인트칠한 거실 벽, 러그 등에는 메인 컬러인 그린을. 의자와 소품은 포인트 컬러인 빨강으로.(야마토 씨 & 니시카와 씨 집, 히로시마 현)

POINT
1

방의 기본 인상을 만드는 베이스 컬러

베이스 컬러는 바닥, 벽, 천장 등 방의 대부분을 차지하는 기본색이다. 인테리어의 주조색으로, 전체 면적의 70% 정도다. 밝은 느낌으로 할 것인지 세련된 느낌으로 할 것인지 이미지의 방향성을 정하는 색이다.

POINT
2

방의 인상을 결정짓는 메인 컬러

메인 컬러는 방의 주인공이 되는 색이다. 면적의 25% 정도로 소파나 커튼, 러그 등에 사용한다. 방의 컬러 이미지를 발전시키고 결정짓는 색이므로 베이스 컬러와의 조화를 생각하면서 색조에도 신경 써 선택하도록 한다.

POINT
3

인테리어에 긴장감을 주는 포인트 컬러

인테리어의 포인트를 더하는 색이다. 면적 배분은 5% 정도로 쿠션과 그림, 램프 갓 등에 사용한다. 포인트 색이므로 시선을 끌 수 있는 색을 선택하도록 한다.

2
LESSON

▽

REPETITION COLOR

컬러 '배치'의
핵심은 '반복'

빨강과 검정처럼 강하고 개성 있는 색도 인테리어와
조화를 이루게 만드는 컬러 코디네이트 테크닉을 알아보자.

REPETITION COLOR

미묘한 차이가 있는 빨강과 오렌지색을 반복 배치해 조화를 이룬다
모르타르로 마감한 바닥과 흰 벽에 세련된 가구와 넓은 러그가 어울리는 인테
리어. 포인트 컬러인 빨강과 오렌지색이 러그와 쿠션, 조명 등에 반복적으로
사용되었다.(A 씨 집, 도쿄 도)

REPETITION COLOR

**검정색 소품과 가구가
방안 군데군데 흩어져 있다**

조명과 선반다리, 의자 등에 검정색을 반복적으로 사용. 나무 플로어링과 흰 벽의 내추럴한 내장에 검은 새시와 레인지후드도 튀지 않고 조화를 이룬다. 검정색이 공간에 포인트를 주는 효과.
(아나부키 씨 집, 가가와 현)

REPETITION COLOR

**가진 물건 중에서 진열할
물건의 색을 줄이고 분산 배치**

방의 테마 컬러에 맞춰 진열할 물건의 색을 노란색, 하늘색, 빨간색, 회색으로 압축한 고보리 씨. 눈에 띄는 강한 색도 반복적으로 사용하면 통일감을 준다.
(고보리 씨 집, 도쿄 도)

색을 분산시켜 반복 사용하면 방과 잘 어울리며 통일감을 준다

인테리어에 강한 색을 쓸 때, 한 곳에만 사용하면 주위와 동떨어진 당돌한 인상을 주게 된다. 이때 강한 색을 분산시켜 반복적으로 사용하는 '색의 반복'이라는 테크닉을 쓴다. 반복 사용하면 강렬한 색도 방과 잘 어울리고 통일감도 생긴다.

예컨대 붉은 소파를 놓을 경우 빨간색이 들어간 무늬의 커튼과 러그, 벽에 거는 그림이나 조명기구, 소품과 CD 자켓, 책 등에 '빨강'을 반복적으로 배치한다. 그러면 붉은 소파가 튀지 않고 방 전체에 아름다운 하모니가 만들어진다.

엷은 색으로 맞춘 내추럴풍 방에 검은색 텔레비전이 두드러지는 경우에도 이 테크닉을 쓰면 도움이 된다. 내추럴과 잘 어울리는 검정색 철제 커튼레일이나 오브제, 조명 등을 배치하면 신기하게도 검정색 텔레비전이 눈에 거슬리지 않는다.

반복적으로 사용하는 색을 정해두면 물건을 살 때 컬러 고민을 할 필요가 없고 방을 조금씩 꾸밀 때도 컬러 밸런스가 무너지지 않는다. 방에 어울리지 않는 물건을 사고 후회하는 일도 줄어든다.

3

인테리어의 베이스 부분을 컬러 코디네이트하는 법

내장재와 인테리어 아이템의 컬러 조화

바닥, 벽, 천장, 건축자재와 가구, 목재 부분과 금속 부분 등 집의 골격에 해당하는 부분의 색깔을 결정하고 조화를 이루는 방법을 생각해보자.

COLOR COORDINATION

밝은 색 플로어링으로 널찍하게
제한적인 아파트 공간도 연한 색 바닥재를 사용해 널찍한 공간감을 살린다. 북유럽 아이템으로 편안한 방.(모리 씨 집, 도쿄 도)

넓고 안정적인 두 가지 느낌을 주는 색 조합
전체적으로는 내추럴 컬러지만 바닥은 진하게, 벽과 천장은 밝은 색으로 처리해 안정감과 탁 트인 느낌을 동시에 준다.
(마사고 씨 집, 후쿠오카 현)

POINT

바닥→ 벽→ 천장의 순으로 밝은 색을 사용하면 넓고 트인 느낌

크기와 무게가 같은 것도 색이 진하면 무겁게 보이고 연하면 가볍게 보인다. 색의 명암에 따른 이런 효과를 내장재 선택에도 응용해보자.
바닥을 어둡게 하고 천장을 밝은 색으로 하면 천장이 높고 넓어 보인다. 반대로 천장을 무게감 있는 어두운 색으로 하면 천장이 낮게 느껴진다. 흰색 천장은 10cm 높아 보이고, 검은색 천장은 20cm 낮아 보인다고 한다.

POINT

바닥의 색을 밝게 하면 작은 방도 넓어 보인다

일반적으로 흰색 계열의 옷을 입으면 뚱뚱해 보이고 검은색 계열의 옷을 입으면 맵시 있어 보인다고 한다. 검정 등의 어두운 색은 작고 긴장되어 보이는 '수축색'이고 흰색 등의 밝은 색은 크고 부풀어 보이는 '팽창색'이기 때문이다.
이 색의 성질을 응용해 바닥과 벽, 천장 등의 내장재 전체에 밝은 색을 사용하면 좁은 방이 넓어 보인다.

바닥→ 벽→ 천장, 즉 위로 갈수록 밝은 색으로 하면 천장이 높고 공간이 트인 느낌이 든다. 벽과 천장은 같은 색으로 통일해도 좋다.

천장을 어두운 색으로 만들면 실제보다 낮아 보인다. 차분한 분위기의 침실과 서재 등은 어두운 색을 사용하는 것도 좋다.

바닥색을 밝게 만들어 벽 및 천장색과 농담 차이를 줄이면 좁은 방도 널찍하고 개방적으로 느껴진다.

바닥에 진한 색을 사용해 벽 및 천장색과 농담 차이를 크게 내면 아담하고 차분한 분위기가 된다.

POINT 3

목재 부분과 금속 부분의 색을 맞추면
쉽게 조화를 이룬다

집의 베이스를 만들 때 중요한 것이 목재 부분과 금속 부분의 색이다. 목재 부분에 연한 갈색과 진한 갈색을 사용했다면 2가지 색을 사용한 것으로 간주해야 한다. 주요 목재 가구의 색은 창호나 건축자재와 맞추면 깔끔하다. 목재 가구를 구입할 때는 가지고 있는 가구의 색과 소재, 질감을 확인한다. 새시와 조명 등의 금속 부분도 색과 마감의 질감을 맞추도록 하자.

금속 부분은 모던한 실버 컬러로 통일
레인지후드와 테이블 다리 등 금속 부분은 실버, 바닥과 테이블 상판의 목재 부분은 나뭇결을 살린 화이트로 통일.(미네카와 씨 집, 도치키 현)

금속 부분을 검정색으로, 목재 부분의 색도 통일
남편이 만든 다이닝 가구는 목재 부분을 바닥 색과 맞추고 금속 부분은 새시와 조명과 같은 블랙으로.(미야자카 씨 집, 가나가와 현)

POINT 4

가구를 고를 때는
벽의 색과 소재에도 주의를 기울인다

가구의 배경이 되는 벽의 컬러와 소재를 지나치게 맞추면 실내가 단조로워 보이거나 밋밋한 인상을 준다. 목재벽인 경우는 특히 주의가 필요하다. 내장과 가구가 각자의 매력을 드러낼 수 있도록 색과 소재에 변화를 주자.

강렬한 통나무 벽과 모던한 가구의 대비가 아름답다
진한 갈색의 통나무 벽을 배경으로 모던한 가구가 눈에 띈다.(마르코 씨 집, 야마나시 현)

POINT 5

색깔과 무늬가 있는 벽지나 패브릭은
방 넓이의 밸런스를 고려한다

벽지나 커튼처럼 방에서 넓은 면적을 차지하는 패브릭은 선택하기 전에 색과 무늬가 어떻게 보이는지 체크하자. 콘트라스트가 뚜렷한 큰 무늬는 앞으로 다가오는 것처럼 보이기 때문에 방이 좁게 느껴진다. 또한 가로 줄무늬는 가로로 길게, 세로 줄무늬는 세로로 길게 보이는 특징이 있다.
같은 색도 면적에 따라 다르게 보인다. 면적이 넓을수록 밝은 색은 더 밝고 선명하게, 어두운 색은 더 어둡게 느껴진다. 바닥재와 벽지는 가능하면 큰 견본으로 확인하자.

큰 패턴과 진한 색은 앞으로 다가오는 것처럼 보이기 때문에 방이 좁게 느껴진다.

방이 넓어 보이려면 흰색 계열의 밝은 색으로 무늬가 없거나 무늬가 작은 벽지와 패브릭을 고른다.

가로 줄무늬는 가로 넓이가 강조되지만 천장이 낮게 보여 압박감이 생길 수 있다.

세로 줄무늬는 높이를 강조하지만 색의 대비가 강한 굵은 줄무늬를 광범위하게 사용하면 좁아 보인다.

COLOR COORDINATION

창호와 건축자재의 색은 바닥과 맞추거나 벽과 맞추는 게 기본

창호와 건축자재(걸레받이, 창틀, 문틀 등)의 목재 부분 색을 결정하는 일반적인 방법은 바닥재 색과 맞추는 것(일러스트/상)이다.

창호와 건축자재를 바닥재보다 진한 색으로 하면 포인트가 된다.(일러스트/중)

단, 붙박이 수납장이 있는 등 벽에 비해 창호의 면적 비율이 큰 방은 창호를 바닥재와 같은 색으로 하면 목재 부분이 너무 강조되어 압박감을 줄 수도 있다. 창호를 벽과 동일한 색으로 하면 방이 넓어 보인다.(일러스트/하)

목재 부분을 바닥 색과 맞춰 통일감 있게

창호와 패널 천장, 창틀 등의 목재 부분은 바닥재 색과 맞춘다. 인테리어의 베이스가 통일되어 다양한 색깔의 소품을 코디하기 좋다.(후쿠치 씨 집, 홋카이도)

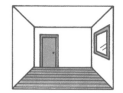

창호와 창틀 등을 바닥재와 같은 나무색으로 맞추는 방법. 조화가 잘 되고 통일감이 있다.

창호 등의 목재 부분을 바닥보다 진하게 하면 세련된 느낌

문과 실내창, 대들보와 에이프런(수직한 지지재를 연결하는 가구 구성 부재-옮긴이) 등 건축자재의 목재 부분을 바닥보다 진한 색으로, 공간에 악센트를 주어 세련된 인테리어가 완성된다.(데키 씨 집, 오사카 부)

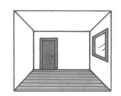

창호와 건축자재를 바닥보다 진한 색으로 하면 공간에 악센트를 주어 세련되고 중후한 느낌이 든다.

창호 등의 목재 부분을 벽 색깔과 맞춰 널찍하게

문과 실내창의 창틀 등 목재 부분을 회반죽벽과 동일한 흰색으로 주문 제작해 통일. 벽과 동화시키면 시야의 장벽이 없어져 넓게 느껴진다.(요시카와 씨 집, 오사카 부)

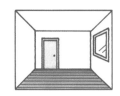

창호와 건축자재를 벽과 동일한 색으로 마감하는 방법. 문과 수납문이 많아도 존재감이 약해져 방이 넓어 보인다.

플로어링과 목재 가구의 색을 맞추면 통일감이 생긴다. 밝은 색이라면 방이 넓게 느껴진다.

바닥보다 진한 색 목재 가구를 놓으면 가구가 돋보여 공간에 악센트를 준다. 진한 색 가구는 고급스러운 느낌도 준다.

가구가 바닥보다 밝은 색이면 자칫 가벼워 보일 수 있다. 고급 목재 가구나 나뭇결이 없는 가구를 쓴다.

POINT

7

바닥과 가구의 색이 밝으면 방이 넓어 보인다 진한 색 가구는 공간에 악센트를 만든다

목재 가구와 나무 플로어링의 색의 조화에 따라 방의 인상이 달라지고 가구도 다르게 보인다.

밝은 색 바닥 위에 같은 색의 가구를 놓으면 방이 넓어 보이고 목재 부분의 색이 통일되어 소품 등으로 변화를 주기 쉽다(일러스트/상). 밝은 색 바닥 위에 어두운 색깔의 목재 가구를 놓으면 가구의 라인이 강조된다. 진한 색은 중후함이 있어 가구가 고급스러워 보인다는 장점도 있다(일러스트/중). 반대로 진한 색 바닥재에 연한 색 목재 가구를 놓으면 가구가 빈약해 보이기 십상이다. 원목 등의 고급 가구나 나뭇결을 없앤 도장품 가구를 선택하도록 한다(일러스트/하).

바닥 색과 가구를 맞추면 통일감 있고 넓어 보인다.
일러스트 (상)의 예. 바닥과 가구 색을 맞추면 분위기가 다른 가구를 섞어도 통일감이 생긴다. 밝은 색으로 방이 넓어 보인다.(K 씨 집, 오사카 부)

밝은 색 바닥재에 진한 갈색 앤티크를 매치
일러스트 (중)의 예. 가구가 바닥보다 진한 색이면 가구가 돋보여 공간에 악센트를 준다. 진한 색 가구는 고급스러운 느낌을 준다.(사사키 씨 집, 아이치 현)

진한 갈색 바닥재에 하얗게 페인트칠한 가구를 매치
일러스트 (하)의 예. 어두운 진한 갈색 바닥재에 흰색 페인트칠로 나뭇결을 지운 목재 가구를 매치해 세련된 코디네이트.(사토 씨 집, 사이타마 현)

컬러의 '구조'와 '개성'을 이해하고 선택하기

색의 구조와 개성, 이미지에 대해 알아보고
원하는 인테리어에 맞는 컬러를 선택하자.

LESSON

▽

COLOR IMAGE

THEME

'색상'과 이미지

색이 갖는 개성과 이미지를
인테리어에 활용한다

유채색 중에서 빛의 파장 차이에 따라 생겨나는 빨강, 노랑, 초록, 파랑, 보라 등의 색조를 '색상'이라고 한다.

유채색이든 무채색이든 각각의 색에는 모든 사람들이 연상하는 공통된 이미지가 있다. 예컨대 흰색은 청결, 빨강은 활동적, 핑크는 로맨틱, 보라는 신비스러운 분위기, 초록은 자연스러운 느낌 등이다.

인테리어에서도 가족이 모이는 거실은 온화한 분위기의 갈색계나 그린계를, 욕실과 세면실에는 청결한 느낌을 주는 흰색을 사용하는 등 공간의 용도에 맞는 이미지의 색을 선택해 편안함을 연출할 수 있다.

색상환

색상환은 파장이 긴 빨강부터 파장이 짧은 청보라까지 순서대로 나열한 후 다시 청보라와 빨강 사이에 보라와 적보라를 더해 만든 원형상의 색 배열이다. 색채학에서는 10색 혹은 24색으로 나누기도 하는데 여기서는 12색으로 분류했다. 색상환에서 서로 마주 보는 색을 반대색(보색), 옆의 이웃하는 색을 유사색이라고 부른다.

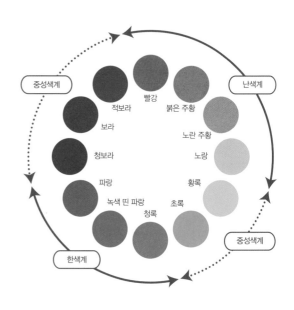

색의 구조

색의 구조와 변환에 대해

일상에서 쓰이는 여러 색은 '유채색'과 '무채색'으로 나눌 수 있다. 유채색은 색깔을 나타내는 '색상', 선명함을 나타내는 '채도', 밝음을 나타내는 '명도'에 따라 색이 변한다.

**차분한 블루 컬러가
조용하고 상쾌한 느낌**
DIY로 페인트칠한 블루 벽면과
회색의 침구 패브릭이 차분하
고 조용한 분위기의 상쾌한 침
실을 연출한다.
(후카쓰 씨 집, 교토 부)

색의 이미지 예

 흰색
 청결, 순수, 심플

 빨강
 활기, 활동적, 식욕 증진

 갈색
 자연, 온화함, 침착함

 파랑
 쿨, 지적, 상쾌함

회색
금욕적, 인공적, 쿨

핑크
여성스러운, 상냥함, 로맨틱

초록
숲, 자연, 휴양

보라
장엄, 고귀, 신비적

밝은 노랑이 건강하고 쾌활한 이미지
아이 방의 한쪽 벽면을 300가지 컬러 샘플 중에서 활기찬 노란색으로
골라 페인트. 아이의 작품과도 잘 어울려 밝고 쾌활한 이미지.
(후카쓰 씨 집, 교토 부)

연한 그린 계열로 온화한 이미지
벽과 테이블 러너는 차분한 그린으로 선택. 천장과 구조재, 가구에 아이
보리 컬러를 사용해 그린이 한층 더 부드럽고 온화하게 보인다.
(N 씨 집, 아이치 현)

'색조'와 이미지

명도와 채도를 바꾸면 색이 다양하게 변한다

'색조(톤)'란 명도(밝음)와 채도(선명함)를 동시에 나타낸 것으로 색의 상태를 말한다. 예를 들어 색상환에 있는 순색 '비비드 톤'의 '초록'에 흰색을 조금씩 더하면 명도는 높아지고 채도는 낮아져 점점 연한 녹색으로 변한다. 이처럼 매우 연한 색의 상태를 '페일 톤(Pale Tone)'이라고 한다. 마찬가지로 순색의 초록에 검정을 조금씩 더하면 명도와 채도가 모두 낮아져 결국 칙칙한 녹색이 된다. 이처럼 약간 어둡고 회색빛이 도는 색을 '그레이시 톤(grayish tone)'이라고 한다. 이와 같이 유채색은 순색에 섞는 흰색과 검정, 그레이의 분량에 따라 밝음과 선명함이 변하여 다양한 색조가 된다.

또한 빨강은 핫, 파랑은 쿨 등 각각의 색상에 이미지가 있는 것처럼 색조에도 개성이 있다. 색상이 같아도 톤이 다르면 전혀 다른 인상을 준다.

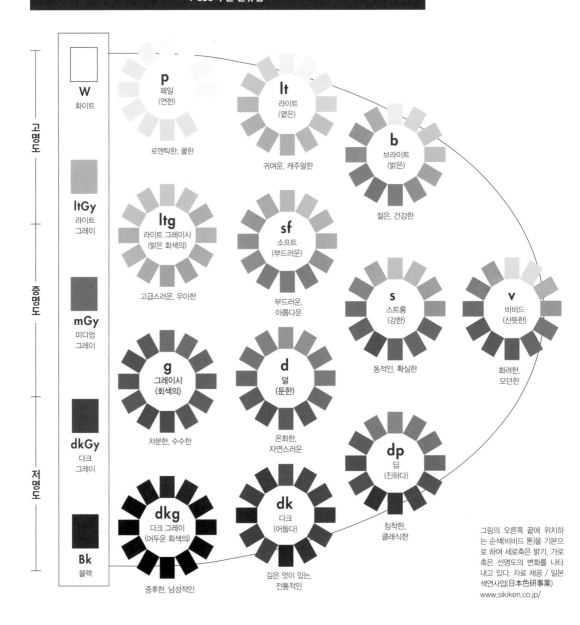

PCSS의 톤 분류법

고명도	W 화이트
중명도	ltGy 라이트 그레이
	mGy 미디엄 그레이
저명도	dkGy 다크 그레이
	Bk 블랙

p
페일
(연한)
로맨틱한, 쿨한

lt
라이트
(옅은)
귀여운, 캐주얼한

b
브라이트
(밝은)
젊은, 건강한

ltg
라이트 그레이시
(밝은 회색의)
고급스러운, 우아한

sf
소프트
(부드러운)
부드러운,
아름다운

s
스트롱
(강한)
동적인, 확실한

v
비비드
(산뜻한)
화려한,
모던한

g
그레이시
(회색의)
차분한, 수수한

d
덜
(둔한)
온화한,
자연스러운

dp
딥
(진하다)
침착한,
클래식한

dkg
다크 그레이
(어두운 회색의)
중후한, 남성적인

dk
다크
(어둡다)
깊은 멋이 있는,
전통적인

그림의 오른쪽 끝에 위치하는 순색(비비드 톤)을 기본으로 하여 세로축은 밝기, 가로축은 선명도의 변화를 나타내고 있다. 자료 제공 / 일본 색연사업(日本色研事業) www.sikiken.co.jp/

비비드 톤

이미지는 '모던, 활동적, 젊음, 화려함, 날카로운, 자극적'

한스 J. 웨그너의 빈티지 소파를 덮고 있는 청록, 파랑, 노랑 천이 인상적. 비비드 톤을 사용하면서도 차분함을 느끼게 하는 북유럽 모던다운 인테리어.(가와치 씨 집, 아이치 현)

라이트 그레이시 톤

이미지는 '고급스러운, 차분한, 침착한'

갈런드와 러그 등에 라이트 그레이시 톤을 넣었다. 하드한 소재를 조합해 너무 어린아이 같지 않은 차분한 인테리어로.
(다카이시 씨 집, 도쿄 도)

다크 톤

이미지는 '전통적, 원숙, 농밀, 침착, 깊은 멋'

다크 그린 벽지, 커튼과 러그에 사용한 차분한 레드 등 깊은 멋이 있는 컬러로 단장한 영국 스타일. 앤티크 가구가 어울리는 인테리어.
(나카무라 씨 집, 야마나시 현)

그레이시 톤

이미지는 '세련됨, 차분한, 소극적, 수수함, 검소'

간접조명을 짜 넣은 침대 헤드의 파티션은 차분한 그레이시 톤의 퍼플로 페인트칠해 세련되게. 관엽식물의 초록도 스파이시 컬러.
(Y 씨 집, 군마 현)

5

LESSON

컬러 코디네이트 성공을 위한 배색 테크닉

컬러 조합의
4가지 기본 패턴

색의 구조와 개성, 이미지에 대해 알아보고
원하는 인테리어에 맞는 컬러를 선택하자.

▽
COLOR SCHEME

| Pattern **1** | COLOR SCHEME | **동계색**
(同系色) | 한 가지 색(색상)에 톤이 다른 색을 더해
아름다운 그라데이션을 즐기는 코디네이트 |

동계색 코디네이트란 같은 색상의 명도와 채도가 다른 색들을 조합하는 방법이다. 예를 들어 빨강의 경우, 선명한 빨강과 탁한 빨강, 밝은 빨강과 어두운 빨강 등을 맞춘다. 다른 색이 들어가지 않기 때문에 배치하기 쉽고 꽃무늬나 체크 같은 '무늬+무늬'의 고난도 인테리어 코디네이트도 여러 종류의 빨강으로 채우면 맞추기 쉽다.

파란색 방을 만들고 싶다고 해서 파랑으로 채운다면 단조롭고 평범한 인상을 준다. 하지만 동계색 코디네이트는 톤이 다른 색을 겹쳐 쓰기 때문에 색채 계획(color scheme)에 깊이가 느껴진다. 컬러 이미지를 명확하게 하고 색의 그라데이션을 이용해 세련된 인테리어로 완성할 수 있다.

동계색 코디네이트 중에서 인기있는 것이 갈색계이다. 튀지 않는 중립적인 색의 베이직한 조합이므로 더욱 단조로운 인상이 되지 않도록 다른 성격의 소재를 조합하거나 색의 농담에 콘트라스트를 주는 방법을 연구하도록 하자.

블루 동계색 코디네이트는 차분한 분위기.
무늬+무늬 인테리어도 맞추기 쉽다.

갈색계 ~ 베이지 동계색 코디네이트는
중립적이라 시대를 불문하고 애용된다.

동계색 코디네이트라도
농담을 주는 방법에 따라 인상이 달라진다

[농담의 차이를 줄인 경우]

부드러운 색과 자연 소재로 편안한 공간
바닥은 원목 파인재, 벽은 규조토. 연한 컬러의 목재 가구와 베이지 컬러의 창문 등 전체를 농담의 차이 적은 연한 색으로 채워 넣어 부드럽고 온화한 분위기를 자아낸다.(F 씨 집, 사이타마 현)

[농담의 차이를 주는 경우]

다크 브라운이 공간에 포인트를 주는 세련된 방
베이지와 다크 브라운의 콘트라스트가 강한 코디네이트로 변화를 준 세련된 느낌. 난로를 가운데 둔 대칭적인 가구 배치도 기분 좋은 긴장감을 준다.(사와야마 씨 집)

**'빨간색' 그라데이션이
깊은 멋을 내는 인테리어**
비비드 톤에 가까운 '빨강' 쿠
션과 색이 탁한 빨강, 진한 빨
강, 어두운 빨강, 붉은 빛이 도
는 그레이와 베이지 등 톤이
다른 빨강을 사용해 멋있는
컬러 조합의 인테리어.
(도키 씨 집, 도쿄 도)

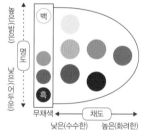

명도
높은(밝은)
낮은(어두운)
백
흑
무채색
채도
낮은(수수한)   높은(화려한)

**'파란색' 그라데이션이
차분함과 평온함을 느끼게 한다**
벽, 침대 패브릭, 벽에 건 작
품까지 톤이 다른 블루 컬러
를 사용한 침실. 동계색 코디
네이트를 하면 무늬+무늬도
맞추기 쉬우므로 패브릭을 많
이 쓰는 침실에 꼭 도전해보기
바란다.(영국 웨일즈의 코티지
하우스)

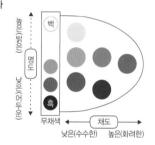

명도
높은(밝은)
낮은(어두운)
백
흑
무채색
채도
낮은(수수한)   높은(화려한)

동일톤

밝기, 선명함, 이미지가 같기 때문에
여러 색이 위화감 없이 조화를 이루는 배색

동일톤 코디네이트란 여러 색의 톤(색조)을 맞춰 코디네이트 하는 방법이다.

예를 들어 페일 톤 안의 빨강과 파랑과 노랑을 맞추는 것이다.

이 배색의 최대 장점은 컬러풀한 여러 색을 쉽게 조합할 수 있다는 것이다. 밝기와 선명함이 통일되어 정리하기 쉽고 여러 색을 사용해도 충돌하지 않아 아름다운 컬러 팔레트처럼 완성할 수 있다.

또한 비비드 톤은 건강한 느낌, 소프트 톤은 부드러운 느낌 등 톤에도 각각 고유의 이미지가 있어 원하는 인테리어 이미지와 연결할 수 있다. p64에서 소개한 색조(톤) 분류도를 참고해 이미지에 맞는 색조를 선택해 보자.

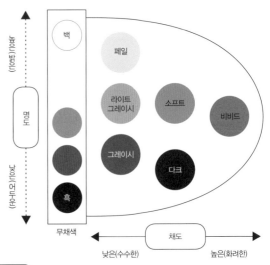

톤의 예

색조(톤)란 명도와 채도를 동시에 나타낸 것. 순색(비비드 톤)은 밝기와 선명도가 달라지면 매우 연한 색(페일 톤)이나 회색빛이 감도는 차분한 색(그레이시 톤) 등 다양한 색조의 색으로 변한다. 동일톤 코디네이트는 각 톤에 속하는 색상(자세한 것은 p64)을 사용해 구성한다.

캐주얼하고 사랑스러운 이미지의
'라이트 톤(light tone)' 코디네이트.

자연스러운 온화함과 차분한 이미지의
'덜 톤(dull tone)' 코디네이트.

부드럽고 재미있는 '소프트 톤' 인테리어
벽면에 라벤더와 올리브 컬러를 넣고 블루 컬러의 문과 오렌지색 의자를 맞춰 파리의 컬러풀한 아파트 같은 공간으로.
(W 씨 집, 후쿠오카 현)

밝고 로맨틱한 '페일 톤' 인테리어
여러 종류의 페일 톤 패브릭을 사용한 로맨틱 침실. 화이트 가구와
창틀과도 잘 어울린다.(P 씨 집, 치바 현)

조용하고 고급스러운 분위기의 '라이트 그레이시 톤'
그린과 블루, 베이지 등 다른 색상도 톤을 맞추면 아름답게 조화를
이룬다.(녹스 씨 집, 영국)

레몬 옐로~블루의
온화하고 차분한 인테리어
그린에 가까운 레몬옐로 캐비닛. 그
린 컬러의 벽, 블루 오브제. 식물과 물
을 연상시키는 차분한 색으로 코디네
이트한 사랑스러운 아이 방.
(고다마 씨 집, 도쿄 도)

오렌지~그린의
과일 같은 비타민 컬러
벽면은 노랑, 주방 캐비닛은 그린으
로 페인트. 유사색을 조합하면 활기
차고 선명한 색들끼리도 조화를 이뤄
즐겁고 생기 넘치는 인테리어가 된
다.(Y 씨 집, 도쿄 도)

빨강~오렌지의 난색계 그라데이션.
활발하고 따뜻한 이미지.

블루~퍼플의 한색계 그라데이션.
차분하고 쿨한 이미지.

유사색 코디네이트란 색상환에서 옆의 이웃하는
닮은 색을 조합하는 방법이다. 색상 차이가 적고
색의 성격이 비슷해 잘 어울리는 코디네이트다.
저녁놀 물든 하늘색이나 점점 깊어지는 바다색,
햇볕이 닿는 부분과 그림자 지는 부분의 나뭇잎
색처럼 자연계에서 자주 보는 내추럴한 색의 그
라데이션으로 사람들이 친숙하고 기분 좋게 느
끼는 안정적인 컬러 하모니다.

**녹색과 퍼플. 개성 있는 색끼리
품위 있게 코디네이트**
아주 연한 초록을 베이스로 진한 퍼
플을 포인트색으로. 반대색을 사용하
면서 명도와 채도가 낮은 색으로 품
위 있게 완성. 샘플로 삼고 싶은 인테
리어다.(프렌티스 씨 집, 영국)

**선명한 두 색을 중재하는
흰색 천장과 어두운 색 가구**
'밸런스를 생각하면서 반대색을 사용
하여 선명한 두 색의 밸런스가 돋보
인다. 흰색의 분량과 가구를 진한 갈
색으로 맞춘 것도 성공의 비결.
(바레트 & 오디트 씨 집, 미국)

노란색을 띠는 초록에 붉은색을 띠는
보라를 조합. 개성이 강한 반대색 코
디네이트.

오렌지색의 반대색, 블루 쿠션을 포인트
로 한 코디네이트.

반대색 코디네이트는 색상환에서 서로 마주보는 색(반대색
또는 보색이라고 함)을 조합하는 방법이다. 반대색은 색의
성격도 대조적이라 콘트라스트가 강하고 확실한 인상을 준
다. 상대를 서로 돋보이게 하는 코디네이트다.
선명한 반대색을 사용하면 자극적인 배색이 되지만, 무채
색과 무성격색을 베이스로 하거나 가운데 끼우면 콘트라스
트가 약해져 조화를 이룬다. 채도를 낮추거나 반대색을 메
인과 악센트 관계로 배색하면 품위있게 완성된다.

6
LESSON

'흰색'은 한 가지 색이 아니다

내가 원하는 이미지의 '흰색' 선택하기

인테리어에 폭넓게 사용되는 '흰색'. 그렇기에 더욱 흰색 안에 포함된 '색 요소'를 잘 살펴 인테리어 이미지에 맞는 '흰색'을 골라야 한다.

▼

CHOOSE YOUR "WHITE"

Red Base

편안하고 우아한 느낌의 흰색
여성스런 느낌의 부드러운 흰색으로 채워진 공간. 타일을 붙인 사랑스러운 주방에 안성맞춤.(시마다 씨 집, 도쿄 도)

Yellow Base

따뜻한 느낌의 친근한 흰색
향수를 불러일으키는 패널 벽과 어울리는 흰색으로 페인트. 부드러운 린넨 침대 패브릭과도 궁합이 잘 맞는다.
(마쓰다 씨 집, 군마 현)

Cool Gray Base

깔끔한 공간을 만드는 스타일리시한 흰색
하이사이드 라이트를 통해 비쳐드는 빛이 반사되면서 갤러리 같은 고요함을 자아내는 흰색 벽. 심플 모던한 인테리어에 어울리는 깨끗한 흰색.(오바타 씨 집, 치바 현)

기본으로서 중요한 '흰색' 고르기

'벽은 희게' 또는 '흰 타일로' 해달라고 주문했는데 생각한 이미지대로 완성되지 않는 경우가 있다. 그 원인은 흰색에 여러 종류가 있기 때문이다. 따뜻한 느낌이 들면서 편안하고 우아한 스타일의 붉은 빛이 도는 흰색. 부드럽고 소박한 따스함이 있는 노란 빛을 띠는 흰색. 깔끔한 공간을 만드는 '새하얀색'이라 불리는 흰색과 약간 푸른 기를 띤 그레이가 포함된 샤프한 흰색 등. 원하는 인테리어에 맞는 흰색을 선택하자.

CHAPTER

4

A chair, the best !

FURNITURE

편안한 인테리어를 위해서는
좋아하는 가구를 선택하고 배치하는 방법이 매우 중요하다
아이템별·방의 유형별 포인트와 인기 있는 가구 셀렉션을 알아보자

1.

LESSON

HOW TO SELECT

살기 좋은 집을 만드는 비법

가구 선택의 포인트

가구는 생활 도구다. 디자인, 사이즈, 기능성, 내구성 등이 모두 중요하다. 선택 시 체크 포인트를 알아보자.

ITEM : 1

식탁과 의자의 관계와 선택 포인트

상판
소재는 목재인 경우가 많고 나무의 종류에 따라 형태와 견고함이 다르다. 그밖에 유리나 돌, 수지 등도 있다. 표면의 도장 종류와 내열성, 스크래치 저항성, 감촉, 손질법 등을 확인한다.

에이프런(수직한 지지재를 연결하는 가구 구성부재—옮긴이)
테이블에 에이프런이 설치되어 있으면 쉽게 틀어지지 않는다. 의자는 테이블 안으로 들어가는지 확인할 것. 암체어는 팔걸이가 에이프런에 닿아 들어가지 않는 경우도 있다.

의자 등받이
사용자에게 맞는 각도가 중요. 의자 등받이가 높으면 포멀한 인상을 준다. 방을 넓어보이게 하려면 등받이가 낮고 간살 등으로 뚫려 있는 디자인을 선택한다. 깔끔해 보이고 가벼워서 움직이기도 쉽다.

좌면 높이
바닥에서 좌면까지의 높이는 42cm 전후가 일반적. 구매 시 구두를 벗고 앉아볼 것. 시트 하이(SH)라고도 한다.

좌면
소재는 목재, 직물 커버, 가죽 커버 등. 어린이용 의자는 음식을 쏟는 경우가 많으므로 걸레질을 할 수 있는 소재(목재나 인조가죽 등)가 안심. 오염이 신경 쓰인다면 커버링을 한다.

상판에서 좌면까지의 거리
식사 시 편안함과 착석감에 크게 영향을 미친다. 테이블 면에서 의자 좌면까지의 높이 차가 27~30cm 정도면 편한 자세로 사용할 수 있다.

다리(테이블)
테이블 모서리에 붙어 있으면 여유 있게 앉을 수 있고, 안쪽에 붙어 있으면 테이블 근처를 걸을 때 다리가 부딪치지 않는다.

POINT. 01

사이즈

식사를 위해서는
폭 60cm×안길이 40cm가
기준. 테이블 주위에
필요한 공간도 고려할 것

테이블의 크기는 1인 식사 공간(폭 60×안길이 40)을 기준으로 하여 요리를 놓는 것까지 생각하면 4인용 테이블의 폭은 135cm 이상이 필요하다. 높이는 평균 신장일 경우 70cm 전후가 일반적이지만 앉아보고 높이를 확인하는 것이 좋다.

또한 테이블 주위에는 의자에서 일어서거나 상을 차리기 위한 공간이 필요하다(p84 참조). 구입 전 방의 도면과 정확한 축척으로 테이블의 레이아웃을 맞춰보자.

의자 선택 포인트

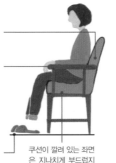

좌면의 안길이가 너무 깊거나 의자 등받이의 각도가 너무 벌어진 것은 피한다.

암체어의 경우 팔걸이 부분이 테이블 에이프런 밑으로 들어가는 높이일 것.

좌면은 다리가 바닥에 잘 닿는 높이인지 확인한다. 허벅지 뒤쪽에 압박감은 없는지, 특히 좌면의 앞쪽 끝이 움푹 들어간 것은 피한다.

쿠션이 깔려 있는 좌면은 지나치게 부드럽지 않은 것이 좋다.

1인 식사 공간

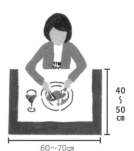

40~50cm

60~70cm

식탁의 사이즈를 산출하려면 그림의 수치에 인원수를 곱하고 여유 공간을 더한다.

다이닝 세트에 필요한 공간

4인용 (직사각형)

225cm

W140×D75cm

170cm

4인용 다이닝 세트를 두려면 약 3.8㎡(약 1평) 정도가 필요하다. 암체어는 폭이 넓기 때문에 좁은 공간에는 암리스 체어를 추천한다.

4인용 (원형)

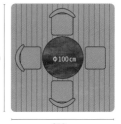

250cm

Φ100cm

250cm

원형은 직사각형보다 장소를 많이 차지하지만 자연스러운 자세로 옆 사람과 대화를 나눌 수 있다는 것이 특징. 간격을 좁히면 한 사람이 더 앉을 수도 있다.

POINT. 02

소재 · 도장

자주 사용하는 테이블은
내구성과 관리법도 체크할 것

목재 식탁의 상판은 합판 표면에 베니어판 등의 화장 시트를 붙인 것과 원목으로 크게 구별된다. 통원목 상판은 가격이 높아 원목 집성재가 자주 사용된다.

폴리우레탄 도장은 수지막이 오염과 긁힘을 방지하여 관리하기 편하다. 단, 재도장 시에는 도장을 한 번 제거해야 한다. 원목가구를 오일이나 왁스로 마감처리하면 나무의 호흡을 방해하지 않고 세월이 지나면서 색이 깊어져 최근에는 큰 인기이다.

POINT. 03

편안한 착석감

의자는 깊숙이 앉아
시트의 높이와 깊이를 확인할 것

식탁 의자를 고를 때는 반드시 구두를 벗고 앉아 편안한지 확인하자. 의자 등받이에 등이 붙도록 깊숙이 앉는 것이 올바른 시험 방법. 발바닥 전체가 바닥에 닿고 허벅지 뒤쪽에 압박감이 느껴지지 않으면 알맞은 높이다. 의자 다리를 자를 수 있는 것도 있으므로 좌면이 너무 높은 경우에는 판매자와 상담할 것.

시트는 나무로 된 것과 쿠션이 들어 있는 것이 있는데, 오래 앉아 있어도 아프지 않은 것을 고른다. 시트와 테이블 상판과의 거리는 27~30cm가 사용하기 가장 편하다.

소파 선택 포인트

커버

천이나 가죽으로 감싼 소파는 구김이나 주름 없이 잘 싸여있는지 체크할 것. 오염이 걱정되는 경우에는 세탁할 수 있는 커버링 타입을 추천.

등받이

하이백 타입은 머리를 받쳐주어 편히 쉴 수 있지만 볼륨감이 커 좁은 공간에는 압박감을 준다. 각도는 좌면의 안길이와 균형을 이루는 것이 포인트로 사용자에게 맞는 것을 고른다.

팔걸이

넓으면 볼륨감이 있어 그 위에 트레이나 음료를 놓을 수 있다. 좁으면 좌면의 넓이도 확보하면서 전체를 콤팩트하게 만들 수 있으므로 좁은 공간에 적합하다. 소파에 눕고 싶으면 낮은 타입을. 쉽게 더러워지는 팔걸이에는 같은 천으로 커버.

다리

다리가 긴 디자인은 바닥면이 보여 방이 넓게 느껴지며 가벼운 느낌으로 청소도 쉽다. 다리가 보이지 않는 디자인은 차분한 느낌을 준다.

프레임

소파의 골격은 소파의 형태를 만드는 프레임과 바닥을 지탱하는 베이스 프레임으로 이루어진다. 프레임은 나무나 스틸 등으로 만든다. 소파의 사이즈와 출입구 및 통로의 폭을 사전에 확인하고 선택할 것.

좌면

차를 마시려면 높이가 40cm 전후인 것으로, 느긋하게 쉬려면 낮은 것으로. 너무 낮으면 일어서기 어렵다. 앉았을 때 내부의 스프링이 느껴지면 NG.

사이즈

좌석 사이즈는 1인당 60cm가 기준
실제로 앉아보고 확인할 것

소파는 몸과 닿는 면적이 넓어 체격과 맞지 않으면 피곤을 느낀다. 매장에서 식탁 의자를 살 때와 마찬가지로 신을 벗고 실제로 앉아보고 확인하자.

시트 높이는 앉았을 때 소파와 닿는 허벅지 뒤쪽이 압박받지 않는 것이 가장 좋다. 시트의 각도와 안길이, 등받이의 각도가 몸에 잘 맞는지도 확인할 것. 가족의 체격이 각자 다르므로 안길이는 쿠션으로 조절한다.

소파는 전체 사이즈뿐만 아니라 앉는 부분의 사이즈도 중요한데, 1인당 60cm가 기준이다. 팔걸이가 좁으면 전체적으로 콤팩트하게 만들면서 좌면의 넓이를 확보할 수 있다.

'쿠션형의 소파'는 폭과 안길이가 모두 넓은 것이 많아 여유 있게 앉을 수 있어 넓은 거실용으로 제격이고, '커버형의 소파'는 안길이가 짧은 것이 많아 좁은 방에서도 압박감이 없다.

소파의 배열은 I형, 대면형, L형 등이 있다. 좁은 방에서는 오토만을 스툴 대신 이용하면 공간이 절약된다.

표준적인 소파 사이즈

사이즈는 전체 사이즈와 앉는 부분의 사이즈를 확인할 것. 팔걸이가 두꺼우면 앉는 부분이 좁아진다. 단, 두꺼운 팔걸이는 그 위에 음료 등을 놓을 수 있다. 앉는 사람의 체형에 맞게 쿠션을 이용해 안길이를 조정한다.

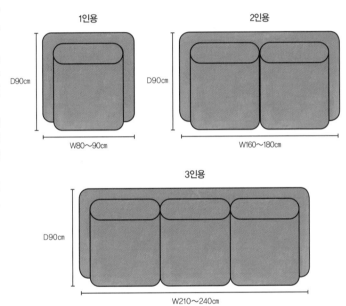

오래 앉아 있어도 피곤하지 않은지
쿠션의 성능과 좌면의 높이를 확인

시트의 베이스 부분은 스프링과 우레탄, 위빙 테이프를 바르고 그 위에 쿠션재를 사용하는 것이 일반적이다. 쿠션재는 우레탄이나 폴리에스테르 솜, 패더나 다운 등 등급에 따라 소재가 바뀌며 밀도에 따라서도 내구성과 착석감, 가격이 달라진다.

소파를 시험할 때는 앉았을 때 피곤하지 않은지, 쿠션이 변형되지 않는지, 편안하게 일어설 수 있는지, 허벅지 뒤쪽에 압박은 없는지 등을 확인한다. 시트와 등받이는 적당한 탄력이 있어 몸을 받쳐주는 것을 선택하자.

디자인에 따라 느껴지는 크기가 다르다
커버는 손질법을 알아둘 것

하이백 디자인은 머리 부분까지 받쳐주지만 높이가 있어 좁은 공간에는 답답하게 느껴진다. 다리가 긴 디자인은 바닥면이 보여 방이 넓게 느껴진다.

커버로 인기가 있는 것은 천. 고정식 천 소파든 커버링 타입이든 정기적으로 안전성 높은 발수 스프레이를 뿌려 오염을 방지한다. 천연 가죽은 비싸지만 내구성이 좋아 오래 쓸수록 멋이 난다. 저렴하고 관리가 쉬운 인조 가죽은 아이가 있는 집에 편리. 아이가 크면 천 소파로 바꿔도 된다.

침대 선택 포인트

매트리스
매트리스까지의 높이는 걸터앉을 수 있는 40~45cm가 좋다. 더블 쿠션 등으로 볼륨감이 크면 압박감이 생길 수도 있다. 베이스는 환기성이 좋은 것으로 할 것.

헤드 보드
헤드 보드가 바닥과 수직으로 서 있어야 공간이 절약된다. 나이트 테이블을 놓을 수 없다면 선반이 달린 것을 고른다.

프레임
풋 보드가 없는 편이 침구를 정돈하기 쉽다. 풋 보드가 있으면 이불은 쉽게 떨어지지 않지만 공간이 좁게 느껴질 수 있다.

다리
다리가 있는 디자인이 환기성을 확보하기 쉽고 청소도 편하다. 청소기의 헤드가 들어갈 정도의 높이가 있으면 좋다.

POINT. 01
사이즈

**침대 프레임과 매트리스
표준 사이즈는 있지만 반드시 실측할 것**

침대는 프레임과 매트리스로 이루어지며 따로 구입할 수 있다. 둘 다 표준 사이즈는 있지만 디자인에 따라 실제 치수는 제각각이다. 전체 사이즈는 헤드 보드의 유무나 디자인에 따라 달라지므로 반드시 실제로 측정하자. 키가 큰 사람에게는 210cm 전후 길이의 롱 타입을 추천한다.

표준 침대 사이즈

	폭(W)	길이(L)
싱글	97~110cm	200~210cm
세미 더블	120~125cm	200~210cm
더블	140~160cm	200~210cm
퀸	170~180cm	200~210cm

POINT. 02
취침 시 느끼는 편안함

**매트리스 구입 시에는
실제로 누워보고 확인할 것**

포인트는 숙면할 수 있는 자세를 무리 없이 취할 수 있고 자다가 자연스럽게 몸을 뒤척일 수 있을 것. 너무 부드러우면 몸이 아래로 꺼져 자는 데 불편하고 몸을 뒤척일 때도 근육에 부담을 준다. 너무 딱딱하면 체중이 분산되지 않아 혈류가 나빠지고 불필요한 뒤척임이 늘어나 편하게 잘 수 없다.
몸에 직접 닿는 충전물 부분도 체크해 촉감과 흡습성이 좋은 것을 선택한다. 구입할 때는 실제로 누워보자. 한 쪽이 움푹 꺼지거나 스프링의 존재가 느껴지면 NG. 몸을 뒤척여보고 흔들림이 지속되지 않는지도 확인하자.

그밖의 가구 체크 포인트

ITEM : 4
식기장

☐ 설치 장소에 적절한 기능이 있는가? 주방에서 사용할지 다이닝 룸에서 사용할지 잘 생각해 선택한다. 주방용으로는 토스터 등의 가전을 넣을 수 있는 오픈 공간이 있으면 편리하다. 밥솥을 놓고 사용한다면 위쪽 선반까지 어느 정도 여유가 있는지, 주변이 열에 강한 소재인지 확인한다. 다이닝 룸에서 사용한다면 보이는 수납과 감추는 수납을 적절히 섞을 것을 추천한다.

☐ 가지고 있는 접시 중 제일 큰 것이 수납장에 들어가는가? 선반의 안치수를 측정해 확인한다.

☐ 문의 경첩은 튼튼한 구조인가? 유리문이라면 강화유리 제품이 좋다.

☐ 서랍은 덜거덕거리지 않는가? 내부에 커트러리용 트레이가 달려 있으면 편리.

☐ 키가 큰 것은 전도방지 장치가 붙어있는지 확인.

ITEM : 5
거실 테이블

☐ 테이블 높이는 용도에 맞는가? 차를 마시는 등 일반적인 용도라면 높이 30~35cm, 가벼운 식사를 한다면 약간 높은 40~45cm가 편리하다.

☐ 테이블 상판은 쉽게 긁히지 않고 잘 갈라지지 않는 것으로. 테이블 유리는 강화유리 제품이 안심.

☐ 테이블 모서리에 부딪쳤을 때 다칠 우려는 없는가? 좁은 방이나 어린아이가 있는 집에서는 모서리가 둥근 제품이나 타원 테이블이 좋다.

☐ 쉽게 이동할 수 있는가? 바퀴가 달려 있으면 청소나 가구 배치 시 편리.

☐ 선반이나 서랍 등이 달려 있는가? 신문이나 잡지, 리모컨 등을 넣을 수 있으면 테이블 위가 복잡해지지 않는다.

ITEM : 6
서랍장&클로젯

☐ 서랍은 튼튼한 구조인가? 밑판과 측판의 재료는 튼튼한가? 접합부는 튼튼한가?

☐ 서랍이 부드럽게 열리고 닫히는가? 열고 닫기를 반복해 시험한다.

☐ 서랍은 덜거덕거리지 않는가? 서랍 양쪽에 빈틈이 있으면 벌레나 습기가 들어가기 쉽다.

☐ 맨 위쪽 서랍은 안을 쉽게 볼 수 있는 높이인가? 너무 높은 서랍장은 쓰기 불편하다.

☐ 맨 위 서랍이 눈높이보다 낮은 것을 선택하는 것이 좋다.

☐ 클로젯의 문이 설치 공간에 맞는가? 문에는 여닫이문, 미닫이문, 폴딩 도어의 3종류가 있으며 좁은 침실에는 미닫이문과 폴딩 도어가 좋다.

☐ 클로젯의 행거 파이프는 튼튼한가?

ITEM : 7
AV 보드

☐ 소파에 앉았을 때 화면을 올려다보지 않고 편한 자세로 볼 수 있는 높이인가? 대형 TV이거나 좌식 생활을 하는 거실에서는 로 보드 타입(low board type)이 좋다.

☐ 넣고 싶은 기기나 소프트웨어 종류를 수납할 공간이 있는가? 선반과 서랍의 안치수 높이와 안길이를 확인. AV 기기의 수납공간은 유리문 타입일 때 먼지가 덜 쌓인다.

☐ 케이블류를 간단히 접속할 수 있는가? 선반대나 뒤판에 배선용 구멍이 있는가?

☐ 상판과 선반대의 내하중은 충분한가?

ITEM : 8
선반

☐ 선반의 안길이와 높이가 정리할 물건과 잘 맞는가?

☐ 선반대의 위치 조절은 얼마나 가능한가?

☐ 선반대의 내하중은 충분한가? 특히 폭이 넓은 선반대일 경우 확인할 것. 단, 한도 내의 중량이라도 한 곳에 무게를 집중시키지 않도록 한다. 무거운 것은 아랫단에, 위로 갈수록 가벼운 것을 올리면 중심이 낮아져 가구가 쉽게 쓰러지지 않는다.

☐ 키가 큰 선반은 전도방지 장치가 붙어있는가?

2

▼
LAYOUT RULE

가구 배치에 대한
3가지 기본 규칙

평면을 그릴 때 가구의 배치부터 생각하는 사람이 늘고 있다. 그만큼 가구의 배치는 생활의 편리와 인테리어의 아름다움을 좌우하는 요인이다.

RULE

1

움직임과 행위를 고려한 '동선 계획'과 '자리 만들기'

가구 배치의 기본은 '동선 계획'과 '자리 만들기'다. 집 안에서는 식사 준비를 위해 주방→ 다이닝 룸으로, 빨래를 말리기 위해 세탁실→ 베란다로 끊임없이 이동하게 된다. 효율적인 움직임을 위해 고민하는 것을 동선 계획이라고 한다. 만약 가구가 사람의 움직임을 방해해 우회하거나 옆걸음으로 걸어야 한다면 큰 스트레스다. 좁은 집이라면 예컨대 소파를 놓지 않고 다이닝 룸에서 휴식을 취하는 등 가구를 줄이는 방법도 고민해야 한다.

가구를 둔다는 것은 거기에 사람이 있을 자리를 만드는 것이다. 예를 들어 소파 옆에 차나 안경을 둘 수 있는 작은 테이블, 식탁 세팅을 편하게 하도록 다이닝 룸 옆에 식기장을 두는 등 그 자리가 편해지도록 주변 가구와 수납가구를 배치하자.

배치의 기본은 '동선 계획'

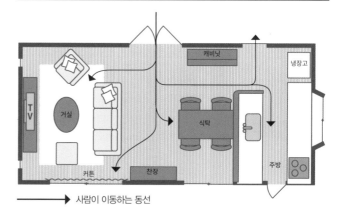

→ 사람이 이동하는 동선

사람이 지나가는데 필요한 공간

낮은 가구 사이
양쪽에 낮은 가구가 있는 경우 상반신은 편하게 움직일 수 있으므로 통로의 폭은 최저 50cm 정도면 된다.

낮은 가구와 벽 사이
한쪽이 벽 또는 높은 가구일 경우 통로의 폭은 최저 60cm 정도 필요하다.

옆걸음으로 지나간다

정면을 보고 지나간다

정면을 보고 2명이 지나갈 때

동선 부분에 충분한 통로 공간을 확보하는 것은 생활의 편리와 직결되는 문제다. 자주 오가는 장소이거나 여러 명이 모이는 방, 덩치가 큰 가족이 많은 집은 약간 넓게 잡는다.

45cm~

55~60cm

110~120cm

가구 사용에 필요한 '동작치수' 파악

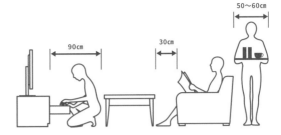

가구의 크기와 동작치수

일반적으로 서랍을 열려면 90cm, 소파와 커피 테이블의 사이에는 30cm, 사람이 지나가기 위해서는 최저 50cm의 여유가 필요하다. 통로에서는 실제로 쟁반이나 세탁물을 옮기기도 하므로 90cm 정도가 가장 좋다.

동작치수란 사람이 움직일 때 필요한 치수를 말한다. 예컨대 서랍을 열고 의자를 빼고 소파에 앉아 발을 뻗고 침대 시트를 가는 등 가구 주변에는 움직이는 데 최소한의 공간이 있어야 한다. 가구 사이즈만으로 '둘 수 있을지 없을지'를 판단하면 방 안을 지나다닐 수 없게 되거나 서랍과 문을 열지 못하는 등 생활이 불편해진다. 특히 서랍은 안길이에 따라 동작치수가 바뀌므로 조심할 것.
또한 간과하기 쉬운 것이 창 주변이다. 개폐를 위한 공간이 필요한 것은 물론이고, 의외로 커튼에 두께가 있어 천과 주름의 볼륨에 따라 20cm 가량 튀어나오는 경우가 있으므로 그 부분까지 고려해 가구를 배치해야 한다.

'좌우 대칭'과 '비대칭'을 고려해 라인 맞추기

가구의 배치는 방의 골격 만들기와 같은 것이다. 골격이 제대로 잡혀 있으면 방이 깔끔해 보인다. 배치의 기본으로 서양 인테리어에서 흔한 난로를 중심에 둔 '좌우 대칭'과 일본식 공간에 많은 도꼬노마 같은 '좌우 비대칭'이 있다. 두 가지의 특징을 파악해 가구 배치의 기본으로 삼기 바란다.
또한 가구를 아무렇게나 두면 복잡한 느낌이 든다. 벽과 창의 중심선에 가구의 중심선을 맞추는 등 어딘가에 축선을 정해 그것을 기준으로 가구를 배치하면 깔끔해 보인다.

창과 창의 중심에 가구와 조명을 맞춘다
작은 창과 창의 중심선상에 테이블의 중심과 조명의 위치를 맞춰 배치. 인테리어가 깔끔하고 예쁘게 보인다.(Y 씨 집, 가나가와 현)

서유럽에서 기본인 좌우 대칭은 안정감 있는 배치
좌우 대칭 배치는 서유럽 인테리어의 기본. 비대칭 배치와 비교할 때 많은 물건을 수납할 수 있다. (스가와라 씨 집, 후쿠오카 현)

일본식 공간에 많은 비대칭은 '사이'를 중시하는 배치
좌우 비대칭 배치는 일본식 공간에 많다. 물건은 적고 심플하게, 여백을 남기는 배치. (고스게 씨 집, 효고 현)

깔끔해 보이는 가구 배치법

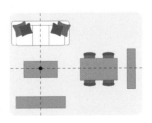

여러 개의 가구를 배치할 때는 기준선을 만들어 가구의 중심 또는 끝의 라인을 맞추면 정돈되어 보인다. 기준선을 벽과 창의 센터에 맞추면 더 만족스러운 배치가 된다.

3
LESSON

가구 배치의
포인트

가구 배치를 어떻게 하느냐에 따라 생활의 편리함이 달라진다. 여기서는 각 방의 목적에 맞는 가구 배치의 기본을 소개한다.

▼
FURNITURE LAYOUT

소파와 암체어를 놓아
가족 공간을 만들었다
소파와 암체어를 놓고 커피 테이블
을 가운데 둔 단란한 공간. 이 가구
들은 '잉드 인테리어 프로덕트' 제품
(기무라 씨 집, 오카야마 현)

ROOM : 1

LIVING & DINING

거실과 다이닝룸

POINT
1

사람이 움직이는데
필요한 공간을 확보하고
가족 수만큼의 '자리'를 만든다

거실과 다이닝 룸은 느긋하게 쉬고 식사를 하고 손님을 대접하는 등 집 안에서 사용 목적이 가장 많은 곳이다. 그러므로 필요한 가구와 물건도 많고 사람의 움직임도 복잡하다. 그곳의 생활방식을 고려해 동작과 동선에 필요한 공간을 확보할 수 있도록 가구를 배치하자.

거실과 다이닝 룸에서 가장 중요한 것은 인원수만큼의 '자리' 만들기다. 선 채로 식사를 하거나 휴식하는 사람은 없으므로 자리를 만든다는 것은 앉을 장소를 만든다는 것이다. 일본식 방은 방석으로 융통성 있게 앉을 장소를 만들수 있지만 서양식 공간에서는 의자 배치를 생각해야 한다. 큰 소파를 여러 개 둘 수 없더라도 1인용 소파나 스툴, 오토만 등을 적절히 배치해 가족의 자리를 만들도록 한다.

거실 세트에 필요한 공간

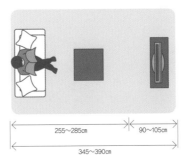

I형

2인용이나 3인용 소파만 놓은 배치. 2명이 앉으면 얼굴을 나란히 하고 몸이 매우 가까워지는 배치이므로 편안한 친밀감이 있다. 독신이거나 부부를 위한 프라이빗 거실용.

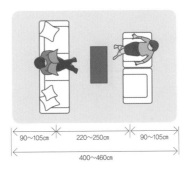

대면형

얼굴은 정면으로 마주보고 몸은 멀리 있는 배치. 면접처럼 서로의 얼굴을 보며 대화하는 긴장감이 있어 응접용으로 적합. 3인용을 벽에 붙이고 1인용을 스툴로 하면 콤팩트하게 정리된다.

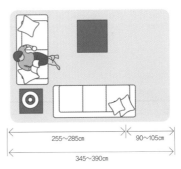

L형

정면으로 얼굴을 보지 않고 몸이 조금 가까워진 배치. 적당한 친밀감과 독립성이 있다. 코너 벽으로 붙이면 시야가 넓어져 개방감을 느낄 수 있다. ㄷ자형도 비슷하지만 원에 가까운 형태이므로 대화하기 더 편하다.

소파와 테이블 사이에 필요한 공간

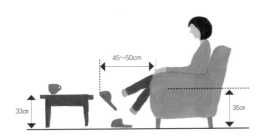

캐주얼 스타일
좌면이 낮아 느긋한 자세로 앉을 수 있는 캐주얼 타입의 소파. 테이블과 소파 사이에는 다리를 꼬거나 앞으로 뻗기 위한 공간이 필요하다.

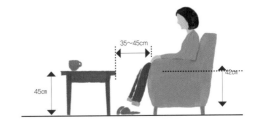

포멀 스타일
정좌한 자세로 앉는 포멀 타입의 소파. 테이블과 소파의 간격은 좁아도 된다. 테이블 높이는 45cm 정도로 높은 것이 편하다.

다이닝 공간에 여유 있게 가구를 배치

나라재의 다이닝 세트는 의자와 벤치로 구성되어 있어 앉을 수 있는 인원수가 넉넉하다. 주방 카운터와 창,
테이블 사이에 각각 사람이 지나갈 수 있는 공간을 확보해 상차리기도 편하다.(시치리 씨 집, 아이치 현)

다이닝 세트에 필요한 공간

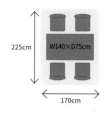

4인용(직사각형)
4인용 다이닝 세트를 놓으려
면 약 3.8㎡가 필요. 좁은 방은
한쪽 면을 벽에 붙이면 공간이
절약된다. 암체어는 폭이 있으
므로 한정된 공간에는 암리스
체어를 추천.

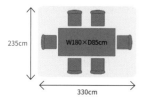

6인용(직사각형)
포멀한 다이닝 룸에서는 식탁
의 길이가 짧은 쪽에 팔걸이의
자를 놓고 주인용으로 사용하
기도 한다. 좁은 방이거나 사
람이 많이 모이는 집일 경우,
벤치를 놓으면 공간이 절약되
고 좌석수도 융통성 있게 조절
할 수 있다.

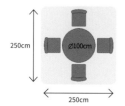

4인용(원형)
원형은 직사각형보다 장소를
많이 차지하지만 자연스러운
자세로 옆 사람과 대화를 나눌
수 있는 것이 특징. 원의 중앙
에 다리가 달린 타입은 앉는 인
원수에 융통성을 발휘해 한 사
람 더 앉을 수도 있다.

테이블 주변에 필요한 공간

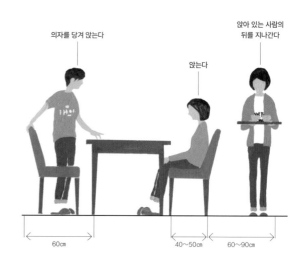

서거나 앉으려면 약 60cm가 필요. 앉아 있는 사람의 뒤를 지나가려면 테이
블에서 1m 이상 필요하다. 동작을 위한 최소한의 공간을 확보해야 생활이 편
리하다.

'차분한' 거실은
머물도록
만드는 것이 포인트

가족의 단란한 시간이나 친구들과의 모임 등 차분하게 대화를 즐기고 싶은 거실
은 사람이 많이 오가지 않고 그곳에 머물고 싶어지는 둘러싸인 공간, 즉 체류 공
간을 만드는 것이 포인트다.

소파로 둘러싸인 공간이 원형에 가까울수록 모닥불을 둘러싸고 이야기하는 것 같
은 친밀한 분위기를 낼 수 있다. 그곳에 깔개를 깔면 더욱 더 '머물고 싶어지는 공
간'을 연출할 수 있다.

둘러싸인 공간까지는 만들지 못하더라도 앉아있는 사람의 눈앞에 통로가 생기지
않도록 차분한 거실의 가구 배치에 신경 쓰자.

머물고 싶은 거실을
방 코너에 배치
오픈 선반과 기둥 등으로 자연
스럽게 나누어진 코너를 거실
공간으로. 러그를 깔면 체류 공
간이라는 느낌이 강해진다.
(이오카 씨 집, 나라 현)

소파의 방향을 조절해 시선을 컨트롤한다

소파 두는 방향에 따라 보여지는 것과 그렇지 않은 것을 컨트롤 할 수 있으므로 원룸의 오픈된 LDK에서는 라이프 스타일에 맞춰 방향을 바꿔보자. 어린아이가 있는 경우에는 주방에서 거실이 보이도록 소파를 주방 방향(시선 오픈형)으로 놓으면 안심이다.

손님이 많은 집이나 바쁜 가정에서는 주방을 등지게 배치(시선 분리형) 하면 생활감을 느끼지 않고 편하게 지낼 수 있다. 절충형은 두 개의 장점을 합친 플랜이다.

다이닝~거실의 시야가 트여있는 시선 오픈형 소파의 방향
거실에 있는 가족의 모습이 다이닝 룸에서도 잘 보이도록 소파를 배치. 가족을 이어주는 플랜을 만들고 싶다는 희망을 반영했다.(T 씨 집, 교토 부)

거실에 독립감이 생기는 시선 분리형 소파의 방향
DK쪽에 등지도록 소파를 배치. 원룸이지만 소파에 앉았을 때 안정감 있는 독립된 느낌의 거실. 집안일 하는 모습이나 일용품도 눈에 잘 보이지 않는다.
(G 씨 집, 사이타마 현)

POINT 4

시야를 확보하면 '공간감'과 '해방감'을 연출할 수 있다

실제 생활에서는 소파의 외관도 중요하지만 소파에 앉았을 때 무엇이 보이는지에 따라 방의 편안함과 공간감이 달라진다. 소파의 위치와 방향, 거기서 보이는 것, 보여주려는 것을 염두에 두자.
방이 넓어보이려면 소파를 구석에 놓아 시선의 방향을 길게 늘린다. 시선 끝에 예술품이나 소품 등을 두면 시선이 거기까지 뻗는다. 방이 좁은 경우 소파가 창을 향하도록 배치하면 시선이 건물 밖으로 빠져나가 기분 좋은 해방감을 느낄 수 있다.

중정을 향해 소파를 놓아 개방감 연출
중정과 접한 창을 열면 안과 밖이 하나로 연결. 소파에서 중정까지 시야가 트여 넓은 공간감을 만끽할 수 있다.(무카이 씨 집, 가고시마 현)

소파의 방향에 따른 시선의 전개

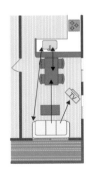

시선 오픈형
소파가 주방을 향하도록 하면 주방→ LD, LD→ 주방으로 시선과 대화를 주고받을 수 있다. 요리하면서 아이가 노는 모습을 볼 수 있어 아이를 키우는 집에 좋다. 그러나 소파에서 DK가 보이므로 손님에게 어수선한 느낌을 줄 수도 있다.

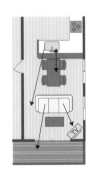

시선 분리형
주방에서는 LD의 모습이 보이지만 소파에서는 DK가 보이지 않는다. 이어진 공간이지만 다이닝 룸과 거실에서 서로의 시선을 의식하지 않고 지낸다. 손님이 많은 집이나 건물 밖까지 시야를 확보하고 싶은 집에 추천.

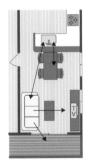

절충형
앞의 두 가지를 절충한 플랜. 소파에 앉아 정면을 보고 있으면 DK의 모습이 잘 보이지만 원할 때는 시선을 DK로 돌릴 수 있다. 소파를 벽에 붙였기 때문에 공간을 효율적으로 쓸 수 있고 시선이 건물 밖에 머물기 때문에 넓은 공간감과 해방감을 느낀다.

주의

DK 시선 처리법

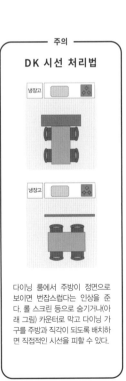

다이닝 룸에서 주방이 정면으로 보이면 번잡스럽다는 인상을 준다. 롤 스크린 등으로 숨기거나(아래 그림) 카운터로 막고 다이닝 가구를 주방과 직각이 되도록 배치하면 직접적인 시선을 피할 수 있다.

포컬 포인트로
리듬감 있는
인테리어를 완성한다

거실과 다이닝 룸에 반드시 있어야 하는 것이 '포컬 포인트'다. 방에 들어선 순간 자연스럽게 시선이 가는 '방의 볼거리'를 말하는데, 그림이나 디스플레이, 아름다운 가구 등으로 만든다.

방의 볼거리가 눈에 잘 띄도록 하려면 포컬 포인트 이외에는 깔끔하게 놔두는 것이 비결. 방을 구석구석 다 장식하면 어디가 볼거리인지 알 수 없고 산만한 인테리어가 된다. 플로어 램프나 브래킷 램프 같은 조명으로 그 공간을 비추면 볼거리가 강조되어 보다 인상적인 코너가 된다.

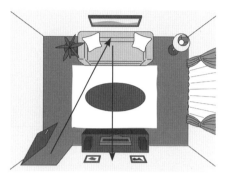

포컬 포인트란
방 안에서 자연스럽게 눈길이 멈추고 시선이 쏠리는 '주시점'을 말한다. 문을 열었을 때 맨 먼저 눈에 들어오는 벽이나 소파에 앉았을 때 보이는 벽에 포컬 포인트를 만들면 효과적이다.

소품으로 장식한 벽걸이 선반을 포컬 포인트로
다이닝 룸 벽에 좋아하는 소품들을 진열한 벽걸이 선반을 꾸며 포컬 포인트로.(나카무라 씨 집. 후쿠이 현)

소파 위쪽 벽에 3개의 액자를 나란히 걸어 인상적으로
프라이빗 룸의 소파 위쪽에 앤티크 식물 그림 액자를 나란히 걸어 눈길을 끄는 코너로(다니 씨 집, 효고 현)

**페인트칠한 벽의 한 면을
볼거리로 장식**
올리브 그린으로 페인트칠한 벽에
카드와 액자를 가득 걸어 벽 한 면을
포컬 포인트로. 다른 벽면은 심플하
게 만들어 이곳에 눈길이 가도록 했
다(오쿠노 씨 집, 아이치 현)

BEDROOM

침실

POINT

1

실내 문의 개폐와 침구 정돈, 물건 출납에 필요한 공간을 확보

침실에서는 잠만 자는 게 아니라 옷을 갈아입거나 화장도 하기 때문에 침대 외의 수납가구가 필요하다.

침대 주변의 통로 폭은 최소한이어도 괜찮지만, 침구 정돈을 위한 동작 공간이 없으면 시트를 교체할 때 힘들어진다. 침대 옆에 사이드 테이블이나 수납장을 놓으면 침구를 정돈할 공간도 확보할 수 있고 조명이나 안경, 시계, 스마트폰 등을 둘 수 있어 편리하다. 침대와 클로젯의 여닫이문 사이에는 90cm 정도의 동작치수가 필요하지만 미닫이문이나 폴딩 도어라면 50~60cm에서도 열고 닫을 수 있다.

싱글 침대 2개를 나란히 놓아 침구 정돈 공간도 확보
싱글 침대 2대를 나란히 놓고 침대 옆에 스툴을 놓아 조명과 시계를. 침구 정돈을 위한 공간도 확보했다.(M 씨 집, 도쿄 도)

침대 주변에 필요한 공간

싱글 침대 × 1
침대를 벽에 바짝 붙이면 이불을 정돈하기 어려워 이불이 미끄러져 내리는 원인이 된다. 이불의 두께를 감안해 벽에서 10cm 정도 거리를 둘 것.

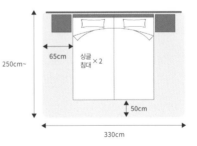

싱글 침대 × 2
싱글 침대 2개를 놓으면 서로 뒤척여도 방해받지 않고 편하게 잘 수 있다. 하나를 벽으로 붙이면 침구를 정리할 때 힘들다.

더블 침대 × 1
더블 침대는 2평 정도면 놓을 수 있으므로 좁은 침실에 적합. 문의 위치에 따라 개폐 시 침대에 부딪치는 경우가 있으므로 주의할 것.

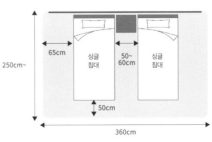

싱글 침대 × 2
싱글 침대 2개를 분리해 놓으려면 약 3평의 공간이 필요. 클로젯이나 드레서(옷을 보관하는 서랍 달린 침실용 가구 – 옮긴이)를 두려면 4평 이상이어야 답답하지 않다.

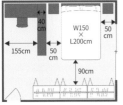

❶ 5평 침실
칸막이 가구의 높이는 서재의 통풍과 채광을 방해하지 않고 서재의 빛이 배우자의 수면을 방해하지 않도록 배려.

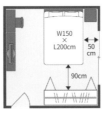

❸ 4평 침실
더블 침대 하나를 놓으면 데스크와 화장 코너를 만들 수 있다. 서랍장이나 텔레비전 등도 둘 수 있다.

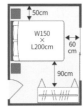

❺ 3평 침실
더블 침대를 놓으면 침대의 세 방향으로 사람이 다닐 수 있는 공간을 확보할 수 있어 침구 정돈이 쉬워진다.

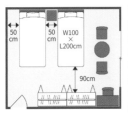

❷ 5평 침실
5평이면 싱글 침대 2개를 분리해서 놓더라도 부부의 프라이빗 거실을 만들 수 있어 미니 테이블과 의자 등을 놓을 수 있다.

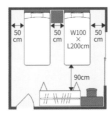

❹ 4평 침실
싱글 침대 2개를 분리해서 놓은 기본 플랜. 크로젯 옆에 데스크나 드레서를 둘 수도 있지만 코너의 조명에 신경 쓸 것.

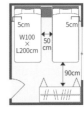

❻ 3평 침실
폭이 좁은 벽쪽으로 머리를 향하게 하고 싱글 침대 2개를 배치. 침대와 벽 사이는 5cm 정도 밖에 없다. 한 쪽 침대를 폭이 좁은 것으로 하기도 한다.

POINT
2

침대 헤드월을 배치해
기능적이고 예쁜 침실

서양에서는 '침대 헤드월'이라고 해서 침대 헤드를 벽에 붙여 배치하는 것이 기본이다. 차갑고 뜨거운 외부 공기의 영향을 잘 받는 창문에서 침대를 떨어뜨려 냉기나 더위로부터 몸을 보호하고 동시에 심리적인 안정을 얻기 위해서다.
이 헤드월은 침실의 포컬 포인트로서 그림이나 천으로 장식하는 것이 보통이다. 침대 위에 있는 넓은 벽을 침실 인테리어의 볼거리로 만들어보자.
침실의 쾌적성은 주거의 쾌적성으로 연결된다. 수면뿐 아니라 독서와 음악을 즐기기 위해 의자와 작은 테이블을 놓아 여유 있는 인테리어 공간으로 완성시키자.

심플하면서 악센트가 있는 침실
흰 벽과 블루 계열의 악센트 월의 대비가 예쁜 게스트 룸. 헤드월에는 심플한 아트 액자를 걸어 공간의 악센트로.(요네야마 씨 집, 홋카이도)

KID'S ROOM
아이방

POINT 1

아이가 스스로
방을 정리할 수 있도록
스트레스 받지 않게 배치

아이 방에 필요한 가구는 아이의 성장에 따라 변한다. 유아기에는 의류와 장난감 수납장이 필요하고, 학동기에는 책장과 책상, 의류와 스포츠용품 등의 수납장도 대형화된다. 재조립이나 높이조절이 가능한 플렉시블 가구는 성장에 맞춰 쉽게 배치를 바꿀 수 있어 편리하다.

아이 방은 스스로 옷을 갈아입거나 정리할 수 있도록 하는 자립 훈련 장소이기도 하다. 아이가 수납장을 쉽게 이용하고 침대를 정돈할 수 있도록 배치하자. 넓이가 한정되어 있는 아이 방에서는 가구가 몇 밀리만 커도 문을 여닫을 수 없는 경우가 있다. 방과 가구의 정확한 치수를 실측하고 스트레스 받지 않는 동작 치수를 더해 배치하자.

가구와 가구 사이에 필요한 공간

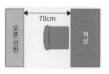

책상과 오픈 선반 사이의 간격이 70cm 정도면 책상 쪽을 보고 있다가 필요할 때 뒤돌아 책을 금방 집을 수 있다.

책상과 침대 사이가 110cm이면 한 사람이 앉아 있어도 그 뒤를 다른 한 사람이 지나갈 수 있다. 뒤를 지나가지 않는 경우에는 70cm면 된다.

서랍장은 꺼내는 공간과 사람이 웅크려 앉는 공간이 필요하기 때문에 75cm는 필요하다. 간격이 너무 좁으면 물건을 넣고 빼기 어렵다.

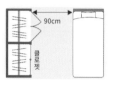

정면의 폭이 90cm이고 2개의 여닫이문이 달린 클로젯은 침대와의 간격이 90cm 필요. 미닫이문이나 폴딩 도어일 경우에는 50~60cm면 된다.

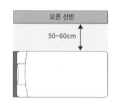

침대와 오픈 선반 사이는 50~60cm면 된다. 안길이가 짧고 키가 큰 가구는 지진 등의 흔들림에 쓰러지지 않도록 고정한다.

아이 방의 플랜 예

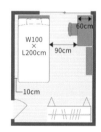

3평 아이 방
책상은 침대를 등지게 놓아야 공부에 집중할 수 있다. 손 그늘이 지는 것을 막기 위해 잘 쓰는 손의 반대쪽에 창이 오도록 책상을 배치한다.

2평 남짓한 아이 방
침대, 책상, 수납장을 둘 수 있는 넓이. 책상이나 수납장을 짜 넣은 로프트 침대를 선택하는 것도 좋다. 수납공간을 별도로 확보할 수 있다면 1.5평이어도 괜찮다.

스스로 정리하기 쉬운 수납 아이템을 추가
클로젯을 만들어 두었지만 아이가 아직 어리기 때문에 스스로 장난감과 그림책을 손쉽게 넣고 뺄 수 있는 낮은 수납공간을 둔다.(I 씨 집, 사이타마 현)

유아기

식탁에서 공부하는 경우가 많으므로 책상은 두지 않고 중앙에 넓은 놀이공간을 만들었다.

초등학생

책상을 한쪽 벽에 붙여 배치했는데, 롤스크린이나 책장으로 그 사이를 분리하면 독립감이 생긴다.

중학생 (이성 2명인 경우)

독립된 방이 필요. 원룸을 나중에 2개로 나눌 경우 신축 시 문과 창, 콘센트 등의 위치를 미리 계획해 둔다.

중학생 (동성 2명인 경우)

중학생이 되어도 방을 완전히 분리하지 않고, 의자에 앉았을 때 옆이 보이지 않는 높이의 책장 등으로 여유를 두고 구분하는 것도 좋다.

POINT

2

유아기, 학령기, 사춘기의 성장에 맞춘 배치

아이가 2명인 집에서는 초등학교 저학년까지는 방을 같이 쓰는 경우가 많다. 어릴 때 새 집을 지으면 미리 두 군데에 문을 달거나 나중에 방을 2개로 나눌 수 있도록 아이 방을 넓게 만드는 경우가 흔하다.

이런 방 배치에서는 성장에 맞춰 가구의 배치도 바꿔보자. 유아기에는 넓은 바닥에서 자유롭게 놀 수 있도록 가구를 줄이고 벽에 붙여 배치한다. 사춘기가 되면 수납가구로 칸막이벽 등을 만들어 방과 코너를 나눔으로써 아이의 프라이버시를 존중하고 공부에 전념할 수 있는 환경을 만들어야 한다.

원룸에 책상을 나란히 놓은 학령기 플랜
완전히 막지 않은 로프트 달린 원룸의 자매 방. 나중에 방을 2개로 나눌 수 있도록 문이 2개. 지금은 책상을 나란히 놓았다.(시마다 씨 집. 도쿄 도)

롱셀러에서부터 화제의 아이템까지 인기 숍 스태프가 엄선한 가구를 소개합니다.

shop : 001

ACTUS

일본 집에 잘 어울리는 고품질 인테리어

덴마크 아일러슨 사나 이탈리아 포라다 사 등의 세계 톱 브랜드 가구와 함께 오리지 널 브랜드 가구를 라인업. 어떤 방에도 어울 리는 심플&내추럴한 아이템을 구비하고 있 으며 일본의 주택 사정에 맞춘 사이즈 설정 이나 다양하게 응용한 어린이 가구도 꼭 볼 것. 직영점은 전국에 27개가 있다. 부정기적 으로 전문가에게 배우는 인테리어 강좌도 열고 있다.

'바리오 책상 세트'
W120×D55×H72cm
¥133,380
(의자는 별매 ¥38,880)

마호가니를 사용. '호스슈 다이닝 테이블'
W180×D85×H70cm ¥206,280〜

ACTUS 신주쿠 점

도쿄 도 신주쿠 구 신주쿠
2-19-1 BYGS 빌딩 1·2F
[전화]03-3350-6011
[영업]11:00〜20:00
[휴일] 부정기 휴일
www.actus-interior.com/

가장 인기 있는 롱셀러. '스트림 라인 카우치 소파'
W210×D151×H83(SH42)cm ¥399,600〜

'프리미엄 비스포크 시스템 소파' W276×D92×H76 (SH38,5)cm ¥699,840〜

키가 낮고 공간을 효율적으로 쓸 수 있도록 조합한 소파 등 좁은 방에도 추천.

IDÉE

모든 가구가 센스 있는
오리지널 디자인

해외 제휴 디자이너와 인하우스 디자이너가 만든 오리지널 가구는 참신한 형태부터 심플하면서 디테일에 집중한 것까지 세심하게 신경 쓴 하이 디자인. 기능적이고 편리한 오리지널 가구를 합리적인 가격에 제공하는 시리즈도 평이 좋다. 도쿄 지유가오카 점은 브랜드의 세계관을 만끽할 수 있는 플래그십 숍. 전국에 11개의 점포가 있다.

폭이 넓은 팔걸이 보드에는 커피 잔을 놓을 수 있다.
'디망쉬 소파(3)' W207×D90×H80(SH45)cm ￥291,600～

서랍은 도구 상자로 운반 가능.
'CONTOUR DRAWER'
W120×D40×H72cm, ￥216,000

상판은 화이트 오크 원목을 사용. 철제 다리로 샤프한 느낌.
'SOUDIEUX TABLE 1600'
W160×D85×H71.5cm,
￥183,600

IDÉE지유가오카 점

도쿄 도 메구로 구
지유가오카 2-16-29
전화 03-5701-7555
영업 11:30～20:00
(토.일요일, 명절 11:00～)
휴일 무휴
www.idee.co.jp/

프랑스 세르주 무이(serge mouille)의 세심한 디자인. '랑파데 앙 루미에르(LAMPADAIRE 1 LUMIERE)' W45×D47×H170cm,
￥84,240

심플한 디자인은 거울 부분을 닫으면 책상으로 사용 가능. '에아우 드레서 메이플(e,a,u DRESSER MAPLE)
H80×D43.5×H78cm, ￥187,920

아이디어와 영감을 자극하는 매장 내 디스플레이. 신선한 컬러 코디네이트가 멋지다.

shop : 003

THE CONRAN SHOP

세계 각국에서 엄선한 고품질 아이템 진열

세계 각국에서 엄선한 아이템과 함께 오리지널 상품도 라인업. 뛰어난 기능성과 디자인을 겸비한 아이템이 모여 있다. 가구뿐 아니라 패브릭과 테이블웨어, 가든용품 등 생활에 필요한 다양한 아이템이 풍부하다. 영국적인 세련된 디자인 속에 담긴 유머러스함도 매력적. 전국에 6개의 점포가 있다.

새장 모양의 유니크한 펜던트 램프 '스몰 볼리에' Ø45×H36cm, ￥113,400

어떤 스타일의 방에도 잘 어울리는 일반적 디자인. '엘긴' W203×D93×H88(SH44)cm, ￥864,000

커버를 다양하게 응용할 수 있다. '엘립스(ellips) 3인용 소파', W244×D114×H77(SH43)cm, ￥462,240～

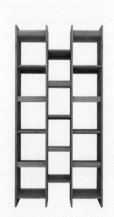

'모자이크 랙' W100×D34×H201cm, ￥237,600

엇갈린 다리가 특징. '피터슨 테이블' W180×D90×H73cm, ￥205,200

THE CONRAN SHOP 신주쿠 본점

도쿄 도 신주쿠 구 니시신주쿠 3-7-1 신주쿠 파크 타워 3,4F
전화 03-5322-6600
영업 11:00~19:00
휴일 수요일(국경일은 영업)
www.conranshop.jp/

TRUCK

쓸수록 멋이 나는
소재감을 중시한 가구

1997년 오픈 후 소재감을 중시한 오리지널 가구를 만들고 있는 인기 숍. 나무, 가죽, 스틸 등 소재의 특징을 살린 가구는 심플한 디자인으로 오래 쓸수록 멋이 깊어지고, 쓰는 사람의 손때가 묻어난다. 가구와 조명을 중심으로 라이프 스타일을 꾸미는 인테리어 소품도 많다. 바로 옆에 TRUCK의 가구를 사용한 카페 'Bird'가 있어 여유롭게 식사를 할 수 있다.

TRUCK

오사카 부 오사카 시 아사히 구 신모리 6-8-48
전화 06-6958-7055
영업 11:00〜19:00
휴양 화요일, 첫째 셋째 수요일
https://truck-furniture.co.jp

'DOCK SHELF' W118×D46×H104.5cm, ￥201,960

'DT SOFA' W240×D85×H70(SH35)cm, ￥965,520

'FK SOFA' W204×D96×H80(SH43)cm ￥448,200

'198.GATTO TABLE'W200×D85×H71cm, ￥492,480

천장까지 닿는 창과 넓고 개방감 있는 숍 분위기 덕분에 시간 가는 줄 모르고 느긋하게 둘러볼 수 있다.

기타노 스마이 설계사

원목을 자연 그대로 마감한 대물림해 쓰는 가구

홋카이도 산 나라목이나 고로쇠나무 등의 원목을 장인이 손으로 못을 박지 않는 짜맞춤 공법으로 정성스럽게 만든 가구. 나무의 표면은 아마씨 기름과 밀랍 왁스로 마감했다. 오래 쓸 수 있고 유행을 타지 않는 심플한 디자인이 인기다.

기타노 스마이 설계사 히가시카와 쇼룸

홋카이도 가미카와 군
히가시카와 초
히가시 7호 기타 7선
전화 0166-82-4556
영업 10:00~18:00
휴일 수요일
www.kitanosumai sekkeisha.com/

프레임과 커버 천은 주문 가능. 'N FRAME SOFA'
W156.2×D76×H78(SH40)cm
¥254,448~

7개의 서랍이 의류 분리 수납에 편리. 오일 마감.
'CHEST 7 DRAWERS' W93×D50×H95.5cm
¥210,600~

발 아래쪽을 넓게 쓸 수 있는 다리 2개짜리 식탁은 의자는 물론이고 벤치와도 잘 어울린다.
'DINING TABLE SHAKER' W160×D85×H72cm ¥183,600~

THE PENNY WISE

영국 전통을 계승한 파인재 가구가 인기

영국 제품인 '폴 윌슨 시리즈'를 비롯해 일본 생활에 적합한 사이즈로 만든 오리지널 시리즈 등 파인재 외에 원목을 사용한 내추럴한 느낌의 가구가 많다. 병설한 '콜로니얼 체크'는 패브릭 전문점.

THE PENNY WISE
시로가네 쇼룸 &콜로니얼 체크 시로가네점

도쿄 도 미나토 구
시로가네다이 5-3-6
전화 03-3443-4311
영업 11:00~19:30
휴일 화요일
www.pennywise.co.jp

100가지 이상의 내추럴 패브릭으로 소파를 하나씩 수작업.

기본형인 '폴 윌슨 다이닝 테이블' W180×D90×H76cm ¥135,000
'스크롤 체어' W46×D50×H83(SH45)cm 각 ¥35,640

미들 사이즈의 '북 케이스 M'
W87×D34×H121cm ¥108,000

karf

베이직 & 스타일리시가
절묘하게 디자인된 가구

베이직하고 소재감이 잘 드러나 있어 시간이 흐를수록 생활과 조화를 이루는 가구를 콘셉트로 하여, 국내 계약 공장을 중심으로 정성껏 만든 가구를 전시. 스타일리시한 디자인의 오리지널 가구 외에도 북유럽 주문 가구, 인테리어용 식물, 조명 등도 풍부하게 갖추고 있다.

karf

도쿄 도 메구로 구
메구로 3-10-11
전화 03-5721-3931
영업 11:00~19:00
휴일 수요일(국경일은 영업),
연말연시
www.karf.co.jp

좋아하는 그릇이 돋보이는 디자인. 'KNOT CABINET' W75×D34.5×H135cm, ￥167,400

직선으로 맞춘 심플한 형태. 'KNOT DINING TABLE' W120×D80×H71cm, ￥145,800~

볼륨감 있는 낮은 소파. 'Glove' W22×D90×H67(SH37)cm, ￥464,400~

SERVE

메이플의 매력이 살아 있는
심플&내추럴한 가구

소재, 제작법, 형태, 편리함에 신경 쓴 메이플 가구 전문점. 메이플의 섬세한 나뭇결을 살려 심플하고 질리지 않는 디자인은 모두 오리지널 제품. 특히 홋카이도산 고로쇠나무를 소중히 사용하며 숙련된 장인의 손으로 국내에서 제작한다.

SERVE기치조지 점

도쿄 도 무사시노 시
기치조지 2-35-10 1F
전화 0422-23-7515
영업 11:00~18:00
휴일 화요일(국경일은 영업)
www.serve.co.jp

심플하고 쓰기 편한 롱 라이프 디자인. 책상과 의자는 뒷면도 정성스럽게 마감 처리해 벽면에 붙이지 않아도 OK. 'desk type 18 c+1' W120×D60×H72cm, ￥159,840

장소를 가리지 않고 사용할 수 있는 아담한 만능 서랍장. 현관에 놓아도 좋다. 'side chest type 06' W30×D30×H80cm, ￥73,440

좌면은 튼튼한 아크릴 테이프. 앉았을 때 매우 탄력 있는 느낌. 'chair type 09' 58.6×D55×H83(SH45)cm ￥73,440

MOMO natural

앨더(오리나무)로 만든 식탁. 'ORDER VIBO TABLE' W~150×D~80×H72cm, ￥~73,440

고급스런 가죽 쿠션 블록. 'CLOUD 3P SOFA 〈LEATHER〉' W183×D84×H80(SH46)cm, ￥246,240

내추럴&스탠더드가
세대를 초월해 폭넓게 인기

천연목을 기본으로 한 내추럴 스타일의 가구 외에도 오리지널 커튼과 러그, 조명, 테이블 웨어 등 부드러운 느낌의 아이템이 가득하다. 가구는 양질의 미국과 뉴질랜드산 목재를 사용하며 오카야마 자사 공장에서 제작한다. 전국에 10개의 점포가 있다.

MOMO natural 지유가오카점

도쿄 도 메구로 구 지유가오카 2-17-10 할레마오 지유가오카 빌딩 2F
전화 03-3725-5120
영업 11:00~20:00
휴일 무휴
www.momo-natural.co.jp/

따스함이 느껴지는 공간을 만들고 싶을 때. 등받이 쪽의 부드러운 커브가 등에 딱 맞다. 좌면의 커버는 2종류. 'CREW CHAIR' W57×D57×H70(SH42)cm 각￥28,080

---

unico

적당한 딱딱함이 앉았을 때 만족감을 준다. 'ALBERO covering sofa 3 seater' W179×D77.5×H77(SH39)cm, ￥96,984

가전도 수납 가능. '스트라다 키친 보드 오픈' W120.5×D45×H180.5cm, ￥164,160

정겹고 참신한
생활 밀착형 인테리어

소파와 테이블, 침대, 수납장 등 집 전체를 커버하는 아이템을 적당한 가격으로 구입할 수 있다. 내추럴, 모던, 북유럽 등 폭넓은 취향을 만족시킨다. 콤팩트한 가구도 많아 좁은 방을 코디네이트할 때 추천. 전국에 37개 점포가 있다.

unico 다이칸야마

도쿄 도 시부야 구 에비스니시 1-34-23
전화 03-3477-2205
영업 11:00~20:00
휴일 부정기 휴일
unico-lifestyle.com/

모서리가 둥그스름한 상판. 'SIGNE DINING TABLE' W140×D80×H73cm, ￥68,904

shop : 011

ACME Furniture

1960~70년대
아메리칸 빈티지 가구를 찾는다면

1960~70년대 미국 서해안의 빈티지 가구를 전문 장인이 관리하고 있다. 당시의 디테일을 충실하게 재현한 의자와 빈티지 스타일의 오리지널 가구도 있다. 고품질 목재와 철재를 조합한 '그랜드 뷰도 호평.

브랜드를 상징하는 롱셀러. 스크래치나 주름도 멋이 되므로 쓰면서 길들이는 재미가 있는 소파. 'FRESNO SOFA 3P' W190×D85×H80(SH42)cm, ￥299,160

ACME Furniture   메구로도오리 점

도쿄 도 메구로 구
메구로 3-9-7
전화 03-5720-1071
영업 11:00~20:00
휴일 부정기 휴일
http://acme.co.jp/

헤링본 상판이 특징. 중후하게 제작해 작업대로도 사용. 'WARNER DINING TABLE' W160×D85×H74cm, ￥145,800

좌면과 등받이에도 쿠션이 있어 앉았을 때 편안하다. 'SIERRA CHAIR' W48×D63,5×H78(SH44)cm 각 ￥22,680

shop : 012

journal standard Furniture

패션 브랜드가 만든
남성 취향 인테리어

빈티지에 트렌드를 더한 오리지널 가구와 국내외 브랜드를 합친 믹스 스타일을 제안한다. 홈 퍼니싱에도 노력을 기울여 패션 브랜드 숍의 강점을 살린 스타일링에 주목하고 있다. 전국에 7개 점포가 있다.

상판에 고재를 사용한 식탁. 하나하나 다른 고재의 감촉이 매력적. 'CHINON DINING TABLE L' W180×D73×H73cm, ￥88,560

'CHINON CHAIR LEATHER SEAT' W41×D50×H83(SH46)cm, ￥24,840

journal standard Furniture 시부야점

도쿄 도 시부야 구
진구마에 6-19-13 1F · B1
전화 03-6419-1350
영업 11:00~20:00
휴일 무휴
http://js-furniture.jp/

뒷면 쿠션을 빼면 여유롭게 누울 수도 있다. 프레임은 물푸레나무. 'JFK SOFA' W170×D93×H76(SH40)cm, ￥167,400

Karimoku

나무의 장점을 끌어낸 유서 깊은
일본 최대 가구회사의 고집

1940년 창업한 일본 최대급 가구 제조업체. 일본 생활에 맞는 고품질의 베이직한 가구를 만든다. 나무의 부드러움과 따뜻함을 느낄 수 있는 디자인으로 안심하고 오래 사용할 수 있는 가구가 구비되어있다. 차분히 고를 수 있는 쇼룸(소매점 없음)은 전국에 25개가 있다.

Karimoku 가구 신요코하마 쇼룸

가나가와 현 요코하마 시
고호쿠 구 신요코하마 1-12-6
전화 045-470-0111
영업 10:00~18:00(토, 일요일,
국경일 ~19:00)
휴일 수요일(국경일은 영업)
www.karimoku.co.jp/

나무의 질감이 좋은 TV 보드. 굿 디자인상 수상.
'솔리드 보드 QT7037' W203.7×D42×H46cm,
￥291,600

다리가 2개인 마호가니 테이블. 도장 주문도 가능.
'DU53I0ME' W150×D90×H69cm, ￥162,000

자유롭게 조절 가능한 유니트 수납장. 2단 세팅은 압박감 없이 좌식 테이블과 맞출 수 있다.
'셀터스 QW93 셀프 조립 8점' W202.7×D38×H72.2cm ￥148,824

STANDARD TRADE.

나뭇결이 아름답고 견고한
나라재를 사용해
성실하게 제작한 가구

내구성이 뛰어난 원목 나라재를 사용해 디자인부터 제작, 관리까지 자사 공장에서 직접한다. 세세한 부분까지 고품질을 추구하는 오리지널 가구는 심플하고 차분한 디자인. 가구 주문, 주택이나 점포의 내부 장식 등 공간 디자인도 하고 있다.

STANDARD TRADE. 다마가와 숍

도쿄 도 세타가야 구
다마즈쓰미 2-9-7
전화 03-5758-6821
영업 10:00~19:00
휴일 수요일
www.standard-trade.co.jp/

다리가 3개인 커피 테이블. 상판 아래 선반에 TV 리모컨이나 책 등을 둘 수 있다. 'CFT-02A'
Ø60×H55.1cm, ￥90,720

뒷면 마감까지 세세하게 신경 쓴 서랍장은 조닝을 하기에도 좋다. 'CHT-013D'
W120×D45×H81cm, ￥267,840

오른쪽은 원목 정목재(목재의 나이테에 직각 방향으로 절단한 재목-옮긴이) 상판 테이블.
'DNT-06A Dining Table' Ø120×H72cm, ￥250,560
스포크 등받이 의자. 'CHR-05' W48×D54.4×H87(SH43)cm 각 ￥73,440

마르니 목공

국내외 디자이너와 함께 만드는 심플해서 더 아름다운 가구

1928년 히로시마에서 오픈한 유서 깊은 가구 제조업체. 후카사와 나오토, 재스퍼 모리슨 같은 세계적인 디자이너와 콜라보레이션한 가구가 유명하다. 강도와 기능미를 고집하며 업체가 독자적으로 3년간 품질보증을 한다. 전국에 4개의 점포가 있다.

마르니 도쿄

도쿄 도 추오 구
히가시니혼바시 3-6-13
전화 03-3667-4021
영업 10:00~18:00
휴일 수요일
www.maruni.com/jp/

후카사와 나오토의 롱셀러 'HIROSHIMA 암체어'
W56×D53×H76.5(SH42.5)cm, ￥93,960

약 2.5kg의 가벼운 미니멀 디자인.
'Lightwood 체어(메쉬 시트)'
W46.8×D46.1×H76.2(SH43)cm, ￥46,440

T자형 등받이에 장치한 메이플 목재와
컬러 스틸의 콘트라스트가 매력적. 'T1 체어'
W40.3×D44.3×H73(SH44.6)cm, ￥58,200

덴도 목공

모던한 명작 가구를 비롯해 아름다움과 품격이 있는 가구

야나기 소우리의 '버터플라이 스툴'과 겐모치 이사무의 '이지 체어' 등 1950~60년대 일본 디자이너의 명작을 비롯한 고품질의 가구를 발매. 야마가타에 본사와 공장을 두고 나무를 자유자재로 굽힐 수 있는 성형합판기술로 아름다운 곡선 디자인, 가벼움, 강도를 갖춘 가구를 만들고 있다.

덴도 목공 도쿄 쇼룸

도쿄 도 미나미 구
하마마쓰 초 1-19-2
전화 0120-24-0401
영업 10:00~17:00
휴일 국경일, 여름과 겨울에
휴업이 있음
www.tendo-mokko.co.jp/

'매트슨(Mathsson) 시리즈 이지 소파'
W186×D72×H77(SH38.5)cm, ￥319,680

'헤론(HERON) 흔들의자'
W58.2×D85.3×H93
(SH42.8)cm, ￥96,120~

부드러운 곡선이 특징. '버터플라이 스툴'
W42.5×D31×H38.7(SH34)cm,
￥48,600

BoConcept

덴마크를 거점으로 하는
어반 디자인 인테리어

세계 60개국에 260개 점포를 가지고 있는 글로벌 브랜드. 덴마크 전통에 변형을 가한 어반 스타일의 가구를 판매. 레이아웃을 바꿀 수 있는 '모듈러 시스템 가구'를 비롯해 일상에서 쓰는 물건이기에 더욱 아름다움과 기능성을 추구하는 북유럽 디자인의 이념이 살아 숨쉬고 있다.

윤기 나는 가죽이 아름답다. 'I.D.V.2 소파 (몰 Oxford 가죽)' W243×D91×H83cm, ¥615,400

매트 화이트 라커 마감. 수납공간 있음. 'Chiva 커피 테이블' W114.6~135.6×D80.6~101.6×H32.2~45.7cm, ¥129,900

상판은 화이트 글래스. 사이즈를 늘릴 수 있는 'Milano 익스텐션 테이블' W140~190×D100×H74.5cm, ¥231,900

회전 베이스 & 리클라이닝 시트가 장착된 리빙 체어. 'Boston 체어(라이트 베이지 Lux Felt 패브릭)' W77×D77.5×H113(SH90)cm, ¥310,700

BoConcept 미나미아오야마 본점

도쿄 도 미나토 구 미나미아오야마 2-31-8
전화 03-5770-6565
영업 11:00~19:00(토,일요일, 국경일 ~20:00)
휴일 부정기 휴일
www.boconcept.com/ja-jp/

ARFLEX

아름다움, 품질, 기능을 고루 갖춘
심플 모던 가구

이탈리아에서 태어나고 일본에서 성장한 오리지널 브랜드를 중심으로 이탈리아 모던 가구를 취급하며, 마음을 풍요롭게 하는 생활적이고 꿈이 있는 생활을 제안한다. 여유롭게 전시된 점포 내에서는 가구에 맞춰 커튼이나 러그, 녹색 식물, 아트 등을 폭넓게 코디네이트할 수 있다. 전국에 4개의 점포가 있다.

ARFLEX 도쿄

도쿄 도 시부야 구 히로오 1-1-40 에비스 프라임 스퀘어 1F
전화 03-3486-8899
영업 11:00~19:00
휴일 수요일
www.arflex.co.jp/

양질의 소재감과 폭신폭신한 형태의 하이백 소파. 'BIBBI' W257×D98×H87(SH41)cm, ¥951,480~(옵션 쿠션 제외)

'NT' W56 × D56.2 × H77.7 (SH43.5)cm, ¥76,680~

1971년 발매 이래 롱셀러 제품. 'MARENCO' W110×D97×H66(SH39)cm, ¥266,760~

CHAPTER

5

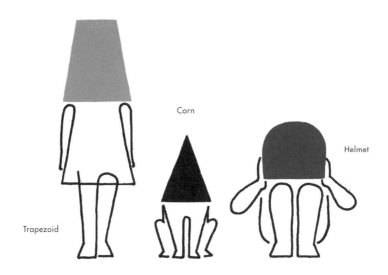

Corn

Helmet

Trapezoid

LIGHTING

조명은 편안한 집을 만드는 관건일 정도로 주목받는 핵심 아이템이다
조명 선택법과 플랜의 기본에서부터 유명 디자이너 조명까지 알아보자

1

적정한 밝기로 편안한 방 만들기

조명의 종류와
선택을 위한 기본 레슨

방 꾸미기의 핵심 키로 주목받고 있는 조명에 대해 디자인 뿐만 아니라 빛을 비추는 방식과 빛이 퍼지는 방식 등 기본 지식부터 살펴보자.

LIGHTING BASIC

THEME 1
메인 조명과 보조 조명

방에 여러 개의 조명을 달아 기능성과 무드를 높인다

조명은 '메인 조명'과 '보조 조명'으로 나누어진다. 메인 조명이란 방 전체를 거의 균일하게 밝히는 것이 목적이며 대표적으로 실링라이트가 있다. 보조 조명은 한정된 범위를 밝히는 조명으로 용도에 따라 2가지 타입이 있다. 하나는 책상 라이트처럼 뭔가를 보는데 필요한 밝기를 보조하는 것이다. 다만 가까운 곳의 밝기가 충분해도 방 전체가 어두우면 눈에 부담을 주므로 주의할 것. 또 다른 보조 조명은 방의 분위기를 조성하고, 밝기가 부족한 곳에 사용하는 것으로 플로어 램프와 브래킷 등이 여기에 해당한다.

천장 중앙에 실링라이트가 하나뿐인 경우에는 단조로운 인테리어가 되기 쉽다. 또한 세심한 작업에 적합한 밝기로 방 전체를 설정하면 평소 생활할 때는 너무 눈이 부시고 전력이 낭비된다.

조명을 계획할 때는 식사나 독서 등 생활 방식을 잘 고려해 메인 조명과 보조 조명을 균형 있게 갖춰보자. 생활의 편리는 물론이고 방의 분위기도 좋아질 것이다.

메인 조명(전체 조명)

다운라이트
천장에 매립해 사용하기 때문에 심플함을 추구하는 인테리어나 천장이 낮은 방에 적합하다.

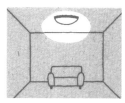

실링라이트
천장에 직접 달아 높은 위치에서 방 전체를 비추는 가장 일반적인 메인 조명. 최근에는 압박감이 적은 얇은 형태의 종류도 많다.

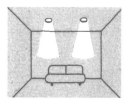

펜던트
코드나 체인을 이용해 천장에 매다는 기구로 다이닝 룸 조명에 많이 쓰인다. 종류가 다양하므로 테이블의 크기와 용도를 고려해 선택.

샹들리에
여러 장식으로 거실과 응접실을 화려하게 연출해주는 여러 개의 등이 달린 기구. 천장이 낮은 곳은 기구의 높이가 낮은 종류를 고른다.

보조 조명(부분 조명)

브래킷
벽면에 붙이는 기구. 벽면이 밝아지기 때문에 방에 깊이감이 생겨 넓어 보인다. 조명 자체가 인테리어의 포인트가 된다.

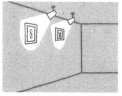

스포트라이트
천장 등에 매달아 그림 등 특정한 상징물을 비춘다. 메인 조명이 너무 밝으면 효과가 떨어진다. 빛의 방향을 바꿀 수 있는 것이 특징.

풋라이트
바닥 근처의 벽에 매립해 발밑을 비춘다. 메인 조명+풋라이트를 달면 발밑이 밝아져 안전성이 높아진다. 복도와 계단, 침실에 유용하다.

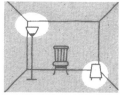

플로어 램프(플로어 스탠드)
독서등이나 어두운 코너의 보조 조명 등으로 사용한다. 낮은 위치에서 빛이 퍼지는 타입은 안정감을 연출한다.

2 전구의 종류

에너지 절약형 LED
백열전구, 형광등
적절히 구분해 사용

열효율이 떨어지는 백열전구의 생산이 축소되면서 LED 전구가 급속히 보급되고 있다. 백열전구와 비교해 전기요금은 약 5분의 1, 수명은 약 20배로 에너지 절약 효과가 뛰어나다. 최근에는 백열전구 색과 분위기를 재현한 타입도 등장했다. LED 만큼은 아니지만 형광등에도 고효율과 고수명 타입이 있으며 전구형과 원형 등 종류도 다양하다.

기구와 전구의 가격, 점등 시간 등을 고려해 적절히 골라 쓰자.

일반 전구형 LED 조명의 빛 확산 방식

빛이 전방위로 퍼지는 광배광 타입
일반 백열전구에 가까우며 전방위로 밝은 타입. 거실과 다이닝 룸의 실링 라이트나 다운라이트, 플로어 램프, 다이닝 룸 펜던트용.

빛이 아래로 퍼지는 하향 타입
직하가 밝은 타입. 복도와 계단, 화장실, 세면대 등 좁은 장소의 다운라이트, 그림이나 아트 등 일부 벽면만 비출 때 쓰는 스포트라이트용.

전구의 종류와 특징

	LED 전구	백열전구	형광등
상품 예	LED 전구	화이트 램프	전구형 형광등
색상	· 전구색은 약간 붉은 빛을 띤 색 · 주백색은 하얗고 산뜻한 색 · 주광색은 약간 푸른 빛이 도는 색	붉은 빛을 띤 부드럽고 따뜻한 색	· 전구색은 약간 붉은 빛을 띤 색 · 주백색은 하얗고 산뜻한 색 · 주광색은 약간 푸른 빛이 도는 색
질감·지향성	· 음영이 생겨 사물을 입체적으로 보여준다. · 지향성이 있으며 목적물을 효과적으로 비춘다	· 음영이 생겨 사물을 입체적으로 보여준다. · 지향성이 있으며 목적물을 효과적으로 비춘다	· 음영이 잘 생기지 않고 평면적인 빛. · 지향성이 적다.
발열량	적다(백열전구에 비해)	──	적다(백열전구에 비해)
점등·조광	· 스위치를 켜면 바로 점등. · 반복 점멸에 강하다 · 조광 가능한 것도 있다.(조광: 조도의 조절)	· 스위치를 켜면 바로 점등. · 자주 불을 켜도 전구의 수명이 소모되지 않는다 · 조광기와 병용해 1~100% 범위에서 가능	· 스위치를 켠 후 점등까지 다소 시간이 걸리는 것도 있다. · 점멸을 자주 하면 전구의 수명이 짧아진다. · 조광할 수 없다.
전기세	싸다(백열전구에 비해)	──	싸다(백열전구에 비해)
수명	길다(약 4만 시간)	짧다(1000~3000 시간)	길다(6000~2만 시간)
가격	높다(백열전구에 비해)	──	높다(백열전구에 비해)
적당한 장소	장시간 불을 켜두는 곳이나 높은 곳 등 전구를 교환하기 어려운 장소.	대상물을 예쁘게 보여주고 싶은 곳이나 백열전구만이 가지는 따뜻함을 원하는 장소.	장시간 불을 켜두는 장소.

(사진 협조/파나소닉)

THEME

3

조명기구의 빛이
확산되는 방식

조명기구를 고를 때는
빛의 확산 방식도 확인할 것

같은 위치에 같은 와트의 조명기구를 설치해도 기구에 따라 빛이 나오는 방향과 강도가 달라지기 때문에 방의 분위기가 바뀐다. 배광이란 조명기구에서 빛이 퍼지는 방향과 퍼지는 방식을 말한다.

5가지 패턴(오른쪽 그림 참조)이 있으며 기구의 디자인과 전등갓, 커버의 소재에 따라 달라진다.예컨대 메인 조명용 다운라이트와 빛이 통하지 않는 전등갓의 펜던트 라이트는 모든 빛이 직접 아래를 향해 퍼지는 '직접 배광'이다.

부분적으로 강한 밝기가 필요한 장소에는 적합하지만 전구를 가리는 것이 없기 때문에 눈이 부시다. 모든 빛을 일단 천장이나 벽으로 쏘아 그 반사광으로 밝기를 얻는 '간접 배광'은 눈부심이 없는 부드러운 빛이 특징. 방에서 시간을 보내는 방식에 가장 적합한 배광의 조명을 선택하면 쾌적한 생활을 할 수 있다.

조명기구를 카탈로그에서 고를 때는 빛이 어떻게 퍼지는지를 상상해보고 가능하면 쇼룸에서 불이 켜진 상태를 확인하는 것이 좋다.

전등갓의 소재와 빛의 확산 방식

	유리, 아크릴	스틸
펜던트		
브래킷		
빛의 특징	빛을 통과하는 유백색 유리나 아크릴의 경우에는 전등갓이나 커버 주위에도 산란광이 퍼져 부드러운 느낌을 준다.	빛을 통과하지 않는 스틸제는 커버 주위가 어두워져 빛과 그림자의 콘트라스트가 뚜렷해진다.

조명기구의 배광 패턴

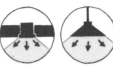

직접 배광

모든 빛이 직접 아래를 향해 비춘다. 조명효율이 높기 때문에 부분적으로 강한 밝기가 필요할 때는 좋지만 천장이나 방의 코너가 어두워질 수 있다. 다이닝 룸의 펜던트 라이트나 브래킷 등.

반직접 배광

대부분의 빛이 아래 방향으로 퍼지지만 일부는 투과성 있는 전등갓을 통해 천장으로도 퍼진다. 직접 배광보다 눈부심이 적고 그림자가 부드럽다. 천장이나 방의 코너가 너무 어두워지는 것을 막는다.

간접 배광

모든 빛을 일단 천장이나 벽으로 반사시킨 후 그 반사광으로 밝기를 얻는다. 조명 효율은 떨어지지만 눈부심이 없고 차분한 분위기를 연출한다. 각도를 맞출 수 있는 암라이트 등으로 연출할 때.

반간접 배광

간접 배광과 비슷하게 천장이나 벽을 비추는 반사광이지만 일부는 전등갓이나 글로브 너머로 아래 방향으로도 퍼진다. 빛이 직접 눈에 들어가지 않아 부드러운 느낌. 눈부심을 줄이고 싶은 거실 등의 휴식 공간에 좋다.

전반 확산 배광

빛을 투과하는 유백색 유리나 아크릴로 된 글로브 너머로 빛이 전체 방향으로 부드럽게 퍼진다. 눈부심과 그림자를 줄인 부드러운 빛으로 방을 골고루 비춘다. 비교적 넓은 공간을 비추는 조명에 적합하다.

**천장면과 벽면을 밝게 비추면
공간을 넓게 연출**

천장면과 벽면을 비추면 천장은 높게 면적은 넓게 보이는 효과가 있다. 개방적이고 안정감 있는 공간을 만드는데 적합하다.

**바닥면과 벽면을 밝게 비추면
차분한 분위기로**

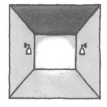

천장은 어둡게, 바닥과 벽면은 밝게 빛을 비추면 차분한 분위기가 된다. 클래식하고 중후한 인테리어에 어울린다.

**전체를 골고루 비추면
부드러운 분위기로**

바닥과 벽, 천장에 콘트라스트가 지나치지 않도록 골고루 빛을 비추면 빛에 둘러싸인 듯한 부드러운 느낌이 든다.

**바닥면을 밝게 비추면
비일상적인 분위기가 된다**

다운라이트 등으로 바닥면을 밝게 강조하면 비일상적이고 드라마틱한 공간이 된다. 인상적인 입구 연출 등에 쓰인다.

**벽면을 밝게 비추면
가로로 넓게 느껴진다**

스포트라이트로 벽면을 밝게 비추면 가로 방향으로 넓은 공간감이 생긴다. 예술품을 비추는 갤러리 느낌을 연출하는데 효과가 있다.

**천장면을 밝게 비추면
천장이 높아 보인다**

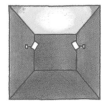

천장에 빛을 비추면 위쪽 방향으로 공간감이 강조되어 천장이 높게 느껴진다. 개방감과 탁 트인 느낌의 방을 만드는 데 효과적.

THEME

4

조사면에 따른
방의 인상

**천장과 벽을 밝게 비추면
천장이 높고 면적도 넓게 느껴진다**

벽과 바닥 등 어느 면을 어떤 빛으로 강조하느냐에 따라 방의 인상이 달라진다. 휴식 공간이나 드라마틱한 공간 등 목적에 맞게 조명을 설계하자.
부드러운 느낌의 방을 만들고 싶다면 바닥과 벽, 천장에 골고루 빛을 비추도록 만든다. 바닥과 벽을 밝게 하고 천장에 빛이 닿지 않도록 하면 분위기가 차분해진다.
천장이 낮고 좁은 방은 천장과 벽에 빛을 비추면 실제보다 천장이 높고 넓게 느껴진다. 여러 개의 조명을 상황에 따라 켤 수 있도록 배선해두면 다양한 분위기를 즐길 수 있다. 빛의 방향을 바꿀 수 있는 브래킷이나 플로어 램프를 사용하면 편리하다.
밝기의 느낌은 내장재의 색깔에 따라서도 좌우된다. 흰색에 가깝고 광택이 있는 것일수록 빛을 반사하기 때문에 밝게 느껴지고 반대로 빛을 흡수하는 검은 색의 매트한 것일수록 어둡게 느껴진다. 벽과 천장이 진한 색이면 밝은 조명기구가 좋다.

COLUMN

'다운라이트의 주의점'은?

어두워지기 쉬운 벽과 천장의 밝기를 보조할 것 메인 조명인 다운라이트는 빛이 아래를 향해 퍼진다. 천장과 벽에 빛이 닿지 않기 때문에 방이 어둡게 느껴질 수 있다. 그럴 때는 위쪽으로 빛이 퍼지는 조명을 추가해 간단히 벽면과 천장의 빛을 보충할 수 있다.

**아래 방향의 빛만 있으면
어두운 느낌이 든다**

메인 조명인 다운라이트만으로는 천장과 벽에 빛이 닿지 않기 때문에 방이 어둡다는 느낌을 주기 쉽다.

**천장과 벽을 비추면
밝고 넓게 느껴진다**

위를 향해 비추는 플로어 램프와 브래킷으로 천장과 벽을 비추면 더 밝고 넓게 느껴진다.

2

LESSON

▼

LIGHTING TECHNIQUE

조명을 연구해 기능적이고 안락한 공간 만들기

쾌적한 인테리어를 위한
조명 테크닉

조명은 생활의 편리함과 분위기 조성을 위해 중요한 아이템. 상황과 목적에 따라 조명을 활용하는 아이디어를 소개한다.

POINT: 1

원룸의 LD는
조명의 위치에
변화를 준다

다목적으로 사용하는 장소는
여러 개의 조명으로 빛을 조절

가족이 모이고 다목적으로 사용되는 거실과 다이닝 룸 (LD)은 생활의 중심이 되는 공간이다. 밥을 먹고 가족끼리 대화를 나누고 느긋하게 독서를 하며 음악이나 텔레비전을 즐기고 친구들과 만나는 등 LD의 활용법은 실로 다양하다. 목적에 따라 여러 개의 조명기구를 조합해 기능적이고 편안한 방을 만들어보자.

신축이나 리노베이션을 할 때는 우선 소파나 다이닝 세트 등 주요 가구 배치를 결정한다. 가구를 배치한 후 전체를 비추는 '메인 조명' → 가까운 곳과 천장, 벽 등을 비추는 '보조 조명' 순으로 검토한다.

이때 빛이 한 쪽으로 치우치지 않도록 수평·수직 방향으로 골고루 조명을 분산시키자. 각도를 조절할 수 있는 브래킷 등으로 배광에 변화를 주는 것도 추천. 벽과 천장을 비추는 등 상황에 따라 공간 연출을 바꿀 수도 있다. 여러 개의 소형 조명으로 부드러운 간접광과 강한 직접광을 섞는 등 배광에 강약을 주면 공간에 깊이감이 생긴다.

**낮게 늘어뜨린 펜던트와
천장을 비추는 라이트가 대조적**
테이블 위에는 아래 방향으로 빛이 퍼지는 펜던트 라이트를 일부러 낮은 위치까지 늘어뜨려 빛을 아래로 집중시켰다. 암 라이트는 천장을 향하도록 해 어둠을 보완하고 깊이감을 연출.(다키자와 씨 집, 도쿄 도)

펜던트 라이트의 크기는 테이블과 균형을 맞출 것

음식이 맛있어 보이려면 지나친 눈부심이나 어둠을 피해야한다

펜던트 라이트의 크기는 테이블의 크기와 균형을 맞춰야 한다. 120~150cm 폭의 테이블이라면 테이블 폭의 3분의 1인 직경 40~50cm의 펜던트가 적당하다. 180~200cm의 테이블이라면 소형 펜던트를 여러 개 사용하는 것도 좋다.
펜던트를 고를 때는 의자에 앉았을 때 빛이 눈부시게 느껴지는지도 체크할 것. 천장의 전원이 테이블 중심과 떨어져있는 경우에는 펜던트 서포터를 쓰면 위치 조절이 된다.

펜던트와 테이블의 관계

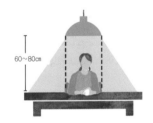

일반 테이블
테이블 폭의 약 3분의 1 크기를 테이블 면에서 60~80cm 높이에 설치.

큰 테이블 ❶
큰 테이블에 폭이 넓은 펜던트를 달면 네 모퉁이가 어둡지 않고 쾌적.

큰 테이블 ❷
소형 펜던트를 2~3개 달아도 OK. 테이블 면에서 50~70cm 거리를 둔다.

변형 테이블
변형 테이블이나 큰 테이블에는 여러 개의 소형 펜던트를 설치해도 좋다.

가족이 모이는 거실은 간접 조명으로 차분한 공간을
메인 조명 이외에 테이블 램프나 브래킷 등 여러 개의 조명을 사용하면 밝기의 농담에 따라 리듬감 있는 공간이 된다. 밤에는 간접 조명만 켜고 생활한다.(고사카 씨 집, 도쿄 도)

쉬고 싶은 공간에는 부드럽게 감싸주는 간접 조명을

신축한다면 반드시 검토해야 할 분위기 충만한 간접 조명

조명기구의 존재감을 줄이고 부드러운 빛 자체를 즐기는 간접 조명. 본격적인 방법은 건축화 조명으로, 조명기구를 벽이나 천장 등에 매립하는 것이다. 배선이 보이지 않아 깔끔하지만 신축이나 리노베이션할 때가 아니면 업체에 공사를 맡겨야 한다. 손쉽게 사용하고 싶다면 브래킷이나 스탠드 타입의 간접 조명을. 선반 뒤쪽이나 계단 밑 등 사각지대에 두면 분위기 있는 빛을 연출할 수 있다(발열이 적은 LED 전구를 사용).

POINT: 4

보이드는 벽의 상부를 비춰 세로 방향으로 길게 연출한다

높은 곳에 설치하는 조명은 어떤 전구를 선택할지 고려할 것

보이드는 빛이 위쪽으로 향하는 상향 조명을 벽과 천장으로 비춰 탁 트인 공간을 강조하자. 천장 공간에 높이와 깊이감을 부여해 개방적인 느낌을 더할 수 있다.

보이드용 브래킷은 벽면 설치 타입 외에 보에 설치하는 타입도 있으므로 기둥이나 보의 위치와 가구의 배치, 비추고자 하는 방향 등에 따라 선택하면 된다. 높은 위치는 전구 교체가 쉽지 않으므로 교환 빈도가 낮은 LED 기구를 추천한다. 백열전구 색깔을 선택하면 따뜻한 느낌이 한층 더해진다.

주방 카운터와 평행하게 긴 라이팅 덕트를 설치해 카페처럼
업소용 스타일의 스테인리스 주방에 맞춰 전구만 달린 조명을 여러 개 설치했다. 어두운 부분 없이 주방의 안쪽까지 밝게 비춰 카페 주방 같은 분위기를 연출. 실용성을 겸비한 조명 활용법이다.
(하야미 씨 집, 오사카 부)

이동식 브래킷으로 빛을 자유롭게 조절해 공간을 인상적으로
갤러리처럼 벽면에 걸어 놓은 사진의 매력을 돋보이게 하는 심플한 인테리어가 품위 있게 느껴진다. 색을 줄인 공간에 음영을 더하는 브래킷의 빛이 인상적.(가스가 씨 집, 시즈오카 현)

POINT: 5

간단히 바꾸려면 라이팅 덕트를

좀 더 자유롭게 조명의 수와 위치를 바꾸기

조명기구의 수를 늘리거나 위치를 변경하는 등 손쉽게 조명에 변화를 줄 수 있는 라이팅 덕트. 임팩트 있는 것을 하나만 켜거나 작고 심플한 조명을 여러 개 사용하는 등 유행과 기분에 맞춰 변화를 즐길 수 있다. 최근에는 소박한 할로겐 램프를 여러 개 늘어뜨리는 스타일도 인기다.

또한 식탁 등 가구의 위치를 바꾸고 싶은 경우에도 비추는 위치를 바꿀 수 있어 편리하다. 다만 조명기구의 총 와트 수나 중량에 제한이 있으므로 여러 개를 사용할 때 주의가 필요하다.

POINT: 6

문 근처의 복도 조명은
문 손잡이 쪽에 설치할 것

좁은 복도에서는 문과 사람의
가동 범위를 시뮬레이션

문을 복도 쪽으로 여는 경우에는 복도의 브래킷 설치 장소에 주의해야한다. 경첩 쪽에 설치하면 방을 출입할 때 문이 빛을 가로막아 어두워진다. 문손잡이 쪽으로 설치하면 가로막는 것 없이 밝기를 유지할 수 있다.

복도에 설치하는 조명은 청소할 때 문을 열어둔다는 점, 사람이 지나가는 폭과 머리의 높이 등도 고려해야한다. 문의 가동 범위와 차단 각도, 사람이 지나가는 장소 등을 확실히 시뮬레이션해 밝기뿐만 아니라 디자인까지 고려한 조명 플랜을 세우자.

복도 조명의 위치

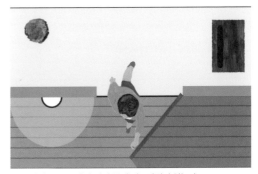

경첩 쪽으로 조명을 달면 빛이 문에 가로막힌다.

문 손잡이 쪽으로 달면 빛이 문에 가로막히지 않는다.

POINT: 7

눈부심 없는 조명으로
잠자기 좋은 침실 만들기

부드러운 빛을 골라 호텔 같은 휴식 공간을

침실은 침대에 누웠을 때 광원이 직접 눈에 들어오지 않도록 플랜을 짠다. 실링라이트는 부드러운 빛의 반간접 배광으로 조광 기능이 달린 것이 편리하다.

펜던트 라이트를 사용하는 경우에는 머리 위 근처를 피해서 배치. 또한 머리맡에 빛이 부드러운 테이블 램프 등을 두면 독서 등으로 여유롭게 시간을 보낼 수 있다. 침대에서 일어나지 않고 끌 수 있는 거리에 설치하면 잠드는 것을 방해하지 않는다. 좋아하는 호텔의 조명을 떠올리며 조광 가능한 조명 계획을 세우는 것도 방법이다.

조광 가능한 다운라이트를 활용해
부드러운 빛이 퍼지는 침실로
다운라이트는 머리 위를 최대한 피해 눈부시지 않은 위치에 설치. 사전에 침대 배치를 생각해두는 것이 중요하다. 쾌적한 수면을 위해서는 밝기 조절이 되는 조명을 추천한다.(산드라 씨 집. 파리)

3

LIGHTING SELECTION

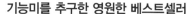

기능미를 추구한 영원한 베스트셀러

유명 디자이너의
조명 셀렉션

세계적인 베스트셀러부터 주목할 만한 일본 브랜드까지 건축가와 조명 · 가구 디자이너가 만든 조명기구 명품을 모았다. 일상에서 사용해보면 아름다움과 기능성을 실감할 수 있을 것이다.

File 01   Denmark

Poul Henningsen
폴 헤닝센

사람과 사물, 공간을
아름답게 비추는 질 높은 빛을 탐구

덴마크 출신의 20세기를 대표하는 디자이너로 '근대 조명의 아버지'로 불린다. 그는 조명 뿐 아니라 건축과 디자인에서도 재능을 드러냈다. 대표작 'PH 시리즈'(루이스폴센 사 제작)는 치밀하게 계산된 전등갓의 반사로 인해 어디에서도 광원이 보이지 않고 부드러운 간접광만 퍼진다.

좁은 다이닝 룸에도 잘 어울리는 유연한 디자인
천장이 낮은 오래된 집을 리노베이션한 다이닝 룸. 하얀 상판의 테이블과 북유럽 의자에 부드러운 빛이 떨어진다. 일본 평면에 북유럽 디자인을 잘 매치했다.
(사쿠라바 씨 집. 도쿄 도)

PH2/1 Table
PH2/1테이블

PH 시리즈 중 가장 작은 테이블 램프. 직경 20cm의 유리 전등갓에서 부드러운 빛이 퍼진다.
￥77,760/ yamagiwa tokyo

PH Artichoke
PH아티초크

미묘한 곡선을 그리는 72장의 날개와 100여 종 이상의 부품으로 구성. 1958년에 디자인.
￥928,800/ yamagiwa tokyo

PH Snowball
PH스노우볼

여러 층의 전등갓에 반사된 간접광이 퍼지는 빛의 오브제. 넓은 범위에서도 충분한 밝기.
￥244,080/ yamagiwa tokyo

PH5 Classic
PH5클래식

독특한 곡선의 전등갓과 안쪽의 반사판이 정교한 조합을 이루어 불편한 눈부심을 줄여준다.
￥89,640/ yamagiwa tokyo

Hans-Agne Jakobsson
한스 아그네 야콥슨

파인재 전등갓에서 새어나오는 빛이
사람과 공간을 따뜻하게 감싼다

스웨덴을 대표하는 조명 디자이너. 얇은 북유럽산 파인
재를 활용한 심플한 디자인으로 목재 전등갓 특유의 따
뜻한 빛이 특징. 오랜 연륜이 만들어낸 나뭇결의 아름
다움과 자연 소재 특유의 색상으로 하나하나가 개성을
나타낸다.

티크재의 북유럽 가구와 천생연분
가구의 높이는 낮추고 방의 위쪽에 공간을 둬 개방적인 인테리어. 방의 여백에
'Jakobsson Lamp F-222'가 자연스럽게 녹아들면서 가구처럼 조용한 존재감
을 나타낸다.(이오카 씨 집, 나라 현)

Jakobsson Lamp
F-217

파인재를 통과한 부드러운
불빛이 방을 따뜻하게 비
춘다. 화이트와 다크 브라
운으로 칠한 제품도 있다.
¥64,044 / yamagiwa
tokyo

Jakobsson Lamp
F-222

얇게 깎아낸 파인재의
아름다움을 살린 디자
인. 오래 사용할수록
깊은 색감을 내는 것도
매력. ¥71,388 / ya-
magiwa tokyo

Jakobsson Lamp
S2517

높이 24cm의 아담한 테
이블 램프. 따뜻한 느낌
의 빛은 숙면을 유도하
는 침대 사이드에 안성
맞춤. ¥28,080 / ya-
magiwa tokyo

Jakobsson Lamp
C2087

3개의 램프에서 나오는
깊이 있는 빛이 매력적.
약 1Kg 정도로 가벼워 아
파트 천장에 달아도 부
담이 적다. ¥82,080 /
yamagiwa tokyo

심플한 일본식 공간에 나뭇결의 아름다움이 눈에 띈다
타일로 마감한 봉당 같은 거실. 기둥과 창틀의 나무 질감에 북유럽산 'Jako-
bsson Lamp F-108'이 멋지게 매치. 북유럽 디자인의 심플한 조명은 일본식
공간에도 잘 어울린다.(M씨 집, 도쿄 도)

File 03　Denmark

Poul Christiansen
폴 크리스티안센

한 장의 플라스틱 시트에서 탄생한
부드러운 빛의 조각

플라스틱 시트를 접은 직선적인 주름이 특징인 전등갓을
개발한 르클린트(LE KLINT) 사. 지금까지의 직선 디자인
과 달리 폴 크리스티안센이 수학적인 곡선으로 구성한
전등갓을 디자인해 새 바람을 일으켰다.

171A
높이 31cm로, 천장고가
낮은 아파트나 일본 가
옥에서도 쓰기 편하다.
숙련된 장인이 만들어낸
제품. ￥34,560 / ya-
magiwa tokyo

172B
치밀하게 계산된 곡선과
요철이 만들어내는 풍부
한 음영이 매력. 조각 같
은 조형은 수작업으로
완성된 것. ￥45,360 /
yamagiwa tokyo

영국의 앤티크 테이블과 맞춘 믹스 스타일
어딘가 향수를 불러일으키는 듯한 앤티크 중심의 스타일에 '172B'를 매치했다. 일
부러 짝을 맞추지 않아 러프함을 표현한 의자와 킬림(터키 융단의 일종) 스타일
의 러그 등 믹스된 느낌의 인테리어와도 잘 어울린다.(사키야마 씨 집, 오사카 부)

File 04　Denmark

Hans J.Wegner
한스 웨그너

마음을 편안하게 하는 우아한 라인
편리성도 돋보이는 디자인

북유럽 모던을 대표하는 'Y 체어'로 알려진 의자
디자이너. 이 펜던트는 코드릴로 높이를 자유롭
게 조절할 수 있고, 용도에 따라 빛의 확산과 테
이블 면의 밝기를 조절할 수 있는 등 편리성도
충분히 고려했다.

The Pendant
사람과 도구의 관계를 세심히 살펴 사용자를 위한 아
이디어가 곳곳에 보인다. 전구의 높이와 배광을 자유
롭게 바꿀 수 있다. ￥142,560 / yamagiwa tokyo

CARAVAGGIO PENDANT MATT P2 WHITE
심플함 속에 여성스러움을 느끼게 하는 고상한 라인과
깊이 있는 매트한 질감이 매력. 시크한 그레이도 있다.
￥61,560 / THE CONRAN SHOP

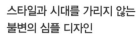

File 05　Denmark

Cecilie Manz
세실리에 만즈

스타일과 시대를 가리지 않는
불변의 심플 디자인

덴마크를 거점으로 활약하는 여성 디자이너. 미
니멀한 디자인이 특기이며 일본의 가구 제조업
체와 콜라보레이션을 하기도 했다. 2007년에는
핀율 프라이즈(The Finn Juhl Prize)를 수상하는
등 현대 프로덕트 디자이너로 주목받고 있다.

File 06   Denmark
Arne Jacobsen
아르네 야콥센

배광을 바꿀 수 있는 움직이는 전등갓으로
반세기 넘게 사랑받는 시리즈

덴마크를 대표하는 세계적인 건축가. 'AJ 시리즈'(루이스 폴센 사 제작)는 '에그 체어' 등과 함께 1959년 코펜하겐의 로열 호텔을 위해 디자인한 것.

AJ Wall

1960년대 디자인이라고는 믿기 어려운 미니멀함. 전등갓은 상하로 60도, 중심에서 좌우로 60도씩 움직일 수 있다.
¥77,760/ yamagiwa tokyo

AJ Table

전등갓을 75도 움직일 수 있어 원하는 곳을 비출 수 있다. 흰색 외에 검정과 빨강 등 다양한 컬러가 있다. ¥101,520 / yamagiwa tokyo

소파 옆에 놓아 깊이감 있는 공간 연출
작은 전등갓과 가는 폴을 조합한 'AJ 플로어'는 반세기 넘는 시간 속에서도 신선하게 느껴지는 미니멀 디자인. 전등갓을 상하로 90도 움직일 수 있어 가까운 곳을 정확하게 비출 수 있으며 기능성도 뛰어나다.(F씨 집, 도쿄 도)

File 07   France
Serge Mouille
세르주 무이

다양하게 표정을 바꿀 수 있는
시원시원하고 혁신적인 모양

은세공 장인으로 교육을 받은 후 디자이너가 되었다. 전등갓이 도마뱀 머리처럼 보이는 이 조명은 전등갓과 팔의 각도를 각각 조절할 수 있어 목적에 맞게 빛을 비추는 기능성도 뛰어나다.

Applique Murale 2 Bras Pivotants

1954년 발매 시 전등갓과 암이 자유자재로 움직여 넓은 범위를 비추는 브래킷은 혁신 그 자체였다.
¥140,400/ IDEE SHOP
지유가오카 점

Lampadaire 3 Lumières
전등갓을 위로 향해 천장을 비추거나 아래로 향해 가까운 곳을 비출 수 있다. ¥259,200/ IDEE SHOP 지유가오카 점

넓게 트인 공간에 제격인 이동식 조명
여유롭게 가구를 배치한 넓은 거실에는 오브제 같은 조명이 안성맞춤이다. 가구 배치와 시간, 연출에 맞춰 조사 각도를 바꿀 수 있으므로 심플한 방도 자기 취향대로.(오쓰카 씨 집, 치바 현)

File 08　France

JIELDE
지엘드

심플한 디자인과 기능성을 접목
프랑스에서 탄생한 데스크 램프

1950년에 디자인된 후 뛰어난 기능성과 독특한
형태로 롱셀러가 되었다. 조인트 부분에 배선이
없는 구조로 암을 움직여도 단선될 염려가 없어
자유롭게 사용할 수 있다.

SIGNAL DESK LAMP gray
지금도 리옹의 장인이
한 개씩 손으로 만들고
있다. 헤드 부분은 360도
회전. ￥35,640/
PACIFIC FURNITURE
SERVICE

DESK LAMP-CLAMP white
나사로 책상 상판에
고정하는 클램프식.
선반에도 수직으로
설치 가능. ￥59,400/
PACIFIC FURNITURE
SERVICE

플로어 램프 불빛이 있어 더욱 편안한 장소로
1인용 소파 옆에 플로어 램프를 두면 보다 개인적인 분위기를 연출할 수 있다. 다른 간접 조
명과 함께 활용하면 넓은 거실도 리듬감 있는 공간이 된다. 밤이면 이 램프만 켜놓고 편안
한 분위기를 즐길 수 있다.(야마다 씨 집. 후쿠오카 현)

File 09　U.K.

Anglepoise
앵글포이즈

시대와 함께 진화를 거듭해 온
역사 깊은 책상 램프

1932년 자동차 회사에서 근무한 경험을 살려 스
프링을 활용한 램프를 제작. 각도 조절과 포지션
유지에 뛰어난 데스크 램프를 만들었다. 영국에
서는 데스크 램프라고 하면 '앵글포이즈'라고 불
릴 만큼 사랑받고 있다.

Original 1227 미니 데스크 램프 Gray
일반 가정에서도 일상적으로 사용하기 쉽도록 오리지
널 제품을 3분의 2 크기로 만든 것. 전등갓은 알루미늄
에 도장 마감. ￥39,960/ LIVING MOTIF

◀ **TOLOMEO S7127S**
와이어의 텐션으로 암의 균형을 맞춘다.
￥59,400 / MUSETOKYO.COM

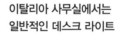

File 10　Italy

Artemide
아르테미데

이탈리아 사무실에서는
일반적인 데스크 라이트

1959년에 창업한 이탈리아를 대표하는 조명 제
조업체. 인기 디자이너 미켈레 데 루키의 '톨로메
오' 시리즈는 스타일리시하고 경쾌한 디자인과
스마트한 암 가동 시스템으로 세계적인 베스트
셀러가 되었다.

TOPICS
팩토리 계열 램프

커다란 팩토리 램프가 다이닝 룸의 주인공
다이닝 룸에 실제로 공장에서 쓰이던 전등갓이 큰 펜던트 조명을 달았다. 앤티크 숍에서 구입한 것.(나토리 씨 집, 가나가와 현)

브라운을 베이스로 한 인테리어에 악센트 역할
오래 사용한 목재 테이블과 캐비닛 등 따뜻한 느낌의 인테리어에 검은색 펜던트 조명으로 악센트를 줬다.(고사카 씨 집, 도쿄 도)

투박한 레트로 느낌 속에 감도는 향수 어린 온기가 멋스럽다

오래된 공장의 조명을 떠올리게 하는 디자인. 인더스트리얼 계열, 공업 계열로도 불린다. 업무용의 심플함과 터프함, 투박하면서 멋이 나는 매니시한 디자인으로 인테리어에 많이 활용된다.

THE WORKSHOP LAMP black(M)

1951년에 디자인된 덴마크 제품의 복각품. 장인의 작업장에서 가정으로 확대. ¥34,560/ yamagiwa tokyo

JIELDE CEILING LAMP AUGUSTIN (S) black

지엘드 사 제작, 전등갓의 직경이 16cm인 S 사이즈 (사진). ¥27,000/ PACIFIC FURNITURE SERVICE

PORCELAIN ENAMELED IRON LAMP white

심플한 원추형으로 놋쇠 장식에도 세심하게 신경 썼다. 간접 조명으로도 이용. ¥10,040/ IDEE SHOP 지유가오카 점

PORCELAIN ENAMELED IRON LAMP black

1930년대 프랑스 램프를 리디자인. 직경 24cm로 콤팩트. ¥10,040/ IDEE SHOP 지유가오카 점

LAMP SHADE blue

갈색과 검정색도 있으며 전등갓 교환도 가능하다. ¥5,033(전용 소켓은 별매)/ P.F.S PARTS CENTER

GLF-3344 페루자

도쿄 스미다에 위치한 1895년도에 창업한 조명 제조업체. 레트로 풍의 카키색 전등갓이 신선. ¥13,122/ 고토 조명

TOPICS
일본의 디자인 조명

**오랜 세월을 거친 기술과
장인의 손기술을 인테리어에 반영**

일본의 독자적인 소재와 전통적인 장인의 숙련된 기술에
현대 디자인을 접목시킨 조명이 주목받고 있다. 한 명의
작가가 손수 제작하는 조명도 인기. 어떤 것이든 인테리
어의 악센트가 되는 존재감이 있다.

북유럽 스타일에 어울리는 일본산 목재 조명
환한 보이드와 흰색 벽, 내추럴하고 산뜻한 넓은 거실에
너도참나무로 만든 심플한 펜던트 라이트 'BUNACO
BL-P321'가 잘 어울린다.(히라사와 씨 집, 도쿄 도)

**BUNACO
P424**

심플해서 일본식 방이나 북유럽풍. 내추럴 스
타일 방에도 폭 넓게 사용할 수 있다. 불을 켜
면 겹쳐지는 너도밤나무재의 그림자가 아름
답다. ￥43,200 / BUNACO

**BUNACO
P321**

숙련된 장인이 일본산 너도밤나무재를 두께
1mm의 테이프 모양으로 돌돌 말아서 만드는
독자적인 기법. 너도밤나무 고유의 색과 소
재감을 느낄 수 있다. ￥38,088/ BUNACO

**chikuni
각좌대조명(벽걸이)**

앤티크 제품 같은 운치와 세련된 디자인이
접목된 조명. 벽에 부착하거나 책상 위에 놓
을 수 있다. 소재는 오크재, 너도밤나무재.
￥29,800 / chikuni

**FUTAGAMI
놋쇠조명 금성 小**

1897년에 창업한 유서 깊은 주물 제조업체가
만든 조명. 주물이 가진 소재감을 개성으로
살렸다. 오래 사용하면 산화해서 독특한 느낌
을 낸다. ￥21,600 / FUTAGAMI

**SKLO
Light bulb K-95**

가나자와의 앤티크 점이 '앤티크 가구에 어
울리도록' 제작한 부드럽게 빛나는 백열전
구. 소비전력을 낮춰 오래 쓸 수 있다. 40W.
￥2,592 / SKLO

**와타나베 히로유키
산벚나무 전등갓 240mm**

하나씩 깎아 만드는 전등갓은 깎은 흔적이 남
아있어 일용품이면서 오브제 같은 아름다움
이 있다. ￥21,600
日光土心 (Light & Will)

CHAPTER

6

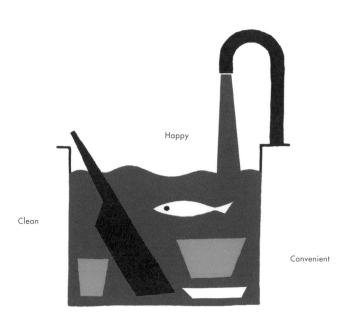

Clean

Happy

Convenient

KITCHEN

요리와 건강을 제공하는 공간으로서 주방은 집의 중심
주방의 선택 방법과 레이아웃, 시스템 키친과
부속품의 최신 정보까지 살펴본다

1

LESSON

주방의 배치와
크기에 관한 기본 레슨

주방에서 시간을 보내는 방식은 각 가정마다 제각각이다.
자신의 생활에 맞는 주방을 찾기 위한 기초 지식을 알아보자.

▼

KITCHEN BASIC

주방 배치의 기본

I형

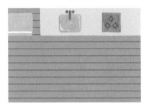

· 장점: 공간을 절약할 수 있고 좌우로 움직이며 작업이 가능.
· 주의점: 정면의 폭이 너무 넓으면 동선이 길어져 불편하다.

L형

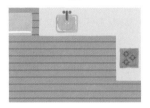

· 장점: 동선이 짧아지므로 낭비가 없고 효율적이다.
· 주의점: 코너 부분의 수납공간이 데드 스페이스가 될 수 있다.

U형(ㄷ자형)

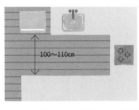

100~110cm

· 장점: 넓은 조리 공간이 생기므로 작업하기 편하다.
· 주의점: 출입이 원활하도록 통로의 폭을 확보해야 한다.

II형

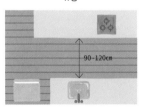

90~120cm

· 장점: 싱크대와 가스레인지 옆에 넓은 조리 공간이 있다.
· 주의점: 좌우 이동은 줄지만 뒤로 도는 동작이 늘어난다.

아일랜드형

· 장점: 네 방향에서 사용할 수 있어 여러 명이 요리할 수 있다
· 주의점: 다른 레이아웃에 비해 넓은 공간이 필요하다.

페닌슐라형

· 장점: 한 쪽을 벽에 붙이기 때문에 폭이 좁은 주방에서도 OK.
· 주의점: 카운터가 너무 길면 돌아 들어가기가 힘들다.

THEME : 1

주방의 배치

넓이와 조리의 효율을 따져본다

주방 레이아웃을 정할 때는 넓이와 LD와의 관계, 조리 순서를 고려하자.

공간이 작은 주방은 I형을 벽에 붙여 설치하면 공간을 가장 절약할 수 있다. 하지만 작은 주방에서는 수납공간이 부족해 물건이 넘쳐나고 복잡해질 수 있다. 식기장이나 팬트리 등 수납공간의 배치와 거리를 고려해 넣고 빼기 쉬운 플랜을 생각하자. 특히 식기장이 주방과 너무 떨어져있으면 오가는 동선이 길어져 작업에 낭비가 따른다. 또한 I형은 정면의 폭을 지나치게 넓게 잡으면 좌우로 움직이는 동선이 길어져 불편해진다.

L형과 U형(ㄷ자형)은 짧은 동선으로 작업할 수 있다는 장점이 있고 조리 공간도 넓다.

주방 중앙에 카운터를 배치하는 아일랜드 형은 네 방향에서 사용할 수 있어 손님이 많은 집에 추천할 만하지만, 넓은 공간이 필요하다.

'워크 트라이앵글' 이란?

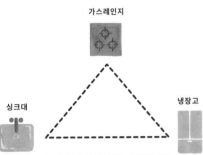

가스레인지와 싱크대, 냉장고의 중심을 잇는 삼각형. 정삼각형에 가까울수록 이상적인 플랜이며, 한 변이 걸어서 2걸음 이내이고 세 변의 합계가 3m 60cm~6m 이내면 편리하다.

조리와 식사 스타일에 맞춘 주방
위 : 가족이 요리에 동참하기 쉬운 아일랜드형 주방(LIXIL). 아래 왼쪽 : 일하는 모습이 자연스럽게 가려지는 대면형 주방(TOCLAS). 아래 오른쪽 : 주방과 식탁을 연결한 플랜은 조리와 상차림, 정리의 흐름이 순조롭다.

THEME : 2

주방의 크기

냉장고→ 싱크대→ 가스레인지 순으로 조리대의 높이는 키에 맞게

요리를 편하게 하려면 가스레인지와 싱크대 주변에 충분한 작업 공간이 필요하다. 단, 싱크대와 가스레인지, 냉장고의 간격이 너무 벌어지면 좋지 않다. 이들 세 점의 각 중심을 연결한 삼각형의 한 변이 2걸음 이내면 편리한 플랜이다. 냉장고→ 싱크대→ 가스레인지의 순으로 배치하면 요리의 효율이 높아진다.

조리대의 높이는 조리하는 사람의 키에 맞춰야 조리 시 부담이 줄어든다. 조리대의 안길이는 65cm가 보통이며 60cm 타입은 콤팩트한 인상을 준다.

대면형 플랜일 경우에는 작은 공간에도 깔끔하게 들어가는 안길이 75cm 타입이나 가벼운 식사용 카운터 기능을 갖춘 안길이 100cm 전후의 타입 등 다양한 사이즈가 있다.

편리한 주방의 크기

이것보다 좁아지면 조리대의 안길이를 넓게 만들거나 출창(出窓)을 다는 등 공간을 확보해야 작업하기 편하다.

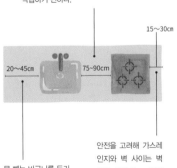

20~45cm
75~90cm
15~30cm

조리대의 높이

물 빼는 바구니를 두거나 식기세척기를 설치하는 경우에는 필요한 공간을 확보, 식기세척기는 싱크대 오른쪽에 설치해도 OK.

안전을 고려해 가스레인지와 벽 사이는 벽에서 최저 5cm 거리를 둘 것. 이 공간에 냄비 등을 둔다면 30cm가 필요.

조리대의 높이는 키(cm)×0.5+5(cm)가 기준. 지금 쓰고 있는 주방의 높이를 기준으로 정하면 된다.

좋아하는 아이템으로 요리를 즐겁게!

주방 기구
선택의 포인트

기능성이 뛰어나고 보기에도 예쁜 주방 부속품을
고르면 매일하는 작업이 더 즐겁고 쾌적해진다.

KITCHEN PARTS

ITEM. 01

조리대
WORKTOP

선택의 기준은 아름다움과 내구성, 편리한 관리

스테인리스와 인조(인공) 대리석 소재가 일반적. 스테인리
스는 열과 물에 강하고 견고하며 관리하기 쉬운 것이 특징
이다. 스크래치가 눈에 띄지 않도록 헤어라인 가공과 엠보
스 가공이 되어있다. 일체성형 타입은 이음선이 없어 더러
움이 잘 쌓이지 않으므로 관리가 편하다.
주문형 키친은 화강암이나 천연목, 타일 등을 붙인 조리대
를 만들 수도 있다.

ITEM. 02

문과 손잡이
DOOR & HANDLE

인상을 결정짓는 문과 손잡이는 인테리어와 조화

시스템키친일 경우 같은 시리즈 제품이면 캐비닛 본체는 공통 사양
인 경우가 대부분이고 문과 조리대, 설비기기 등의 선택에 따라 가
격이 달라진다.
적당한 가격대의 문은 기초 자재인 합판에 색이나 무늬를 인쇄한 시
트를 바르고 오염 방지를 위한 표면가공을 한 제품이 일반적. 디자
인 포인트가 되는 손잡이는 문 시리즈별로 여러 종류를 설정해 놓
은 제조업체가 많다.

물이나 오염에 강한 스테인리스
내구성이 높은 스테인리스에 친수성 세라믹계 특수 코팅을
한 조리대 / CLEANUP 'S.S'

**주방용으로 개발된
독자적인 인조대리석**
더러움이 잘 배지 않고
살짝 닦기만 해도 깨끗해지는
인조대리석 조리대. /
TOCLAS 'Berry'

**다양한 소재와 색깔을
자유롭게 고를 수 있다**
도장 마감이나 천연목
등 다양한 마감 처리와
소재가 있으며 100여 가지
종류 중에서 선택 가능.
파나소닉 'L-CLASS'

가전 수납 유니트의 문도 맞춘다
수납 유니트의 문을 키친 캐비닛과 맞추면 공간 전체에 통일감이 생긴
다. / 파나소닉 'L-CLASS'

싱크볼·수전
SINK & FAUCET FITTING

수전은 기능과 디자인
싱크볼은 청소의 편리성이 포인트

싱크볼의 대표 소재는 스테인리스. 튼튼하고 스크래치가 잘 나지 않으며 더러움이 쉽게 배지 않아 관리가 간단한다. 인조(인공) 대리석제는 화이트 계열과 파스텔 컬러 등도 있어 주방을 재미있게 연출. 청소도 쉽고 조리대와의 컬러 코디네이트도 즐길 수 있다.

싱크볼 크기는 중화 냄비도 씻을 수 있는 넉넉한 타입이 일반적. 배수구와 일체형으로 만들어 청소하기 쉬운 싱크볼과 물 튀는 소리를 줄인 싱크볼도 등장하고 있다.

수전은 한 손으로 조작할 수 있는 싱글 레버 타입이 인기. 손을 갖다 대면 물이 나오거나 멈추는 센서 타입도 평이 좋다. 수전을 늘릴 수 있는 핸드 샤워 타입은 싱크대 세척에 편리. 거위의 목처럼 생긴 구즈넥 타입은 수도꼭지 입구가 높아 깊은 냄비를 세척할 때 편하다.

디자인이 예쁘면 주방이 즐거워진다
수도꼭지 끝의 노브를 통해 스프레이와 정류를 전환할 수 있다. 'MINTA'. 에너지 절약형 타입 등장. Grohe Japan

빗자루처럼 물살이 퍼지는 광폭 스프레이가 인기
광폭 스프레이도 터치 스위치로 조작 가능한 '터치 스위치 미즈호우키 수전 LF'. / TOTO 'THE CRASSO'

손이 더러워도 센서로 간단히 조작
센서에 손을 갖다 대면 물이 나오고 멈춘다. 'navish'. 절수 효과도 높다. LIXIL

물이 나오는 위치를 자유롭게 바꿀 수 있는 호스 타입
호스 모양의 수도꼭지는 냄비를 닦거나 싱크대를 청소할 때 편리하다. 눌러서 조작해 편리하다. 'SUTTO'/ 산에이수전

채소 등 음식물 찌꺼기가 잘 빠지고 여유 있게 씻을 수 있는 와이드 타입
배수구까지 자연스럽게 흘러가는 '스퀘어 스베리다이 싱크대'. TOTO 'THE CRASSO'

물이 흘러 뒷정리가 간단해진 '나가레일 싱크대'
싱크대 앞쪽에서 배수구까지 수로를 만들어 물이나 야채 찌꺼기가 자연스럽게 흘러간다. CLEANUP 'S.S.'

스테인리스 + 컬러링 발색이 예뻐 인기 있는 싱크볼
스테인리스에 크리스털 글라스 세립으로 특수 가공. 스테인리스 싱크대의 내구 및 내열성과 컬러 싱크대의 아름다움을 동시에. 'COMO 싱크대 COMO-V8'. 마모성과 세정성도 좋고 관리가 편하다. / COMO

식기세척기
DISHWASHER

신축이라면 빌트인을 추천

조리대 위에 놓는 탁상형 식기세척기도 있지만 신축일 경우에는 조리대를 넓게 사용할 수 있는 빌트 인 형태를 추천한다.

서랍형은 선 채로 식기를 넣고 뺄 수 있어 편리하다. 기능성과 견고함에서 평이 좋은 수입제품은 문을 앞쪽으로 끌어당겨 여는 타입이 주류. 선택 시에는 세정 용량을 확인하고, 오픈 키친일 경우에는 운전음이 조용한 제품을 고르자.

심플 이즈 베스트! 7인분의 식기도 한 번에 OK
커트러리 등도 전용 트레이로 깨끗하게. 폭 45cm 빌트 인 타입 'G 4800 SCU'. / Miele Japan

요리의 종류와 안전성, 청소의 편리성, 디자인을 고려

ITEM. 05

조리기기
STOVE

가스레인지는 불꽃감지센서와 식용유 과열방지 장치 등 안전 기능이 향상. 또한 소형 삼발이와 유리 상판을 사용한 타입이 주류를 이뤄 청소나 관리가 편해졌다. 요리를 좋아하는 사람에게 필수인 그릴은 양면 구이 타입이 일반적. 고급 기종의 그릴 중에는 더치오븐을 쓸 수 있는 타입이 인기다.

IH 쿠킹 히터는 자력선의 작용으로 냄비 자체가 발열해 식재료에 열을 전달하는 시스템이다. 열효율이 좋고 불을 사용하지 않아 공기 오염이 적으며 안전하고 건강에 좋다. 어린아이나 고령자가 있는 집에서도 안심이다. 상승 기류가 적어 주위에 그을음이 날리지 않아 오픈 키친에 추천. 평평한 상판은 슬쩍만 닦아도 깨끗해진다.

주물로 만든 삼발이에 전문가도 만족. 더치오븐도 사용 가능
요리가 즐거워지는 '초강화력' 가스레인지. 그릴은 전용 더치오븐도 사용할 수 있는 'PLUS do GRILLER' 린나이(도쿄 가스)

다기능형 IH 쿠킹 히터
조리 온도와 시간을 자동 설정하는 '구이 어시스트' 기능을 탑재. 원적외선으로 그릴 기능도 향상. K2-773 파나소닉

다양한 조리 기능을 탑재한 최신형 가스레인지
액정 조작 패널이 달린 다기능형 가스레인지와 멀티 그릴을 탑재한 'PROGRE Plus'/ 노리츠

장소와 플랜에 맞춰 선택

ITEM. 06

레인지후드
KITCHEN FAN

레인지후드는 팬에 따라 2종류로 나뉜다. 뒷면(혹은 측면)에서 배기하는 프로펠러 팬 타입은 밖으로 직접 배기시키기 위해 설치 장소를 골라야한다. 덕트를 통해 배기하는 시로코 팬은 설치장소를 가리지 않는다는 장점이 있어 대면식과 아일랜드 키친 등에도 추천. 프로펠러 팬은 외풍의 영향을 쉽게 받으므로 바람이 세게 부는 2층 주방에는 시로코 팬이 좋다.

레인지후드의 체크 포인트는 청소의 편리성과 포집성, 운전음의 크기. 특히 오픈 키친에서는 고포집(高捕集) 기능과 정음 기능도 중요하다. 또한 오픈 주방의 경우 레인지후드가 두드러지므로 색과 디자인도 세심하게 신경쓰도록 한다.

오픈 키친에도 잘 어울리는 디자인
오픈 키친에 추천하는 직선의 샤프한 디자인.
'레인지후드 컬렉션 HI-90S'/ Acca Inc.

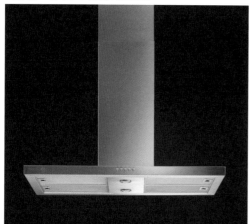

라운드 타입의 후드가 신선
빈티지 느낌이 나는 디자인과 청소가 편한 'Giglio'. 흰색과 검정 2가지 색. / ARIAFINA

귀찮은 청소도 버튼 하나로 OK!
레인지후드의 필터와 팬을 버튼 하나로 자동 세정하는 '아라에루 레인지 후드'. / CLEANUP 'S.S.'

ITEM. 07

수납
STORAGE

데드 스페이스를 줄이는 것이 핵심

수납 캐비닛은 물건의 사용 빈도와 중량을 확인하여 크기와 위치, 문의 종류, 수납 부자재를 결정한다. 플로어(베이스) 캐비닛은 원래 여닫이문이 주류였지만 최근에는 서랍형이 인기다. 여닫이문형보다 비싸지만 요리하면서 열고 닫을 수 있고 깊숙이 넣은 것까지 잘 보여 넣고 빼기 쉽다는 장점이 있다. 캐비닛 크기는 천장고까지 높은 타입과 허리 높이의 사이즈 등 다양하다. 가전제품까지 수납하면 공간을 깔끔하게 유지할 수 있다. 또한 카운터 위의 월 캐비닛은 전동 또는 수동 승강 타입으로 만들면 넣고 빼기 편하고 공간을 효과적으로 활용할 수 있다.

더욱 편리한 상부장 선반에 주목
원터치로 자동 승강하는 월 캐비닛 '오토 무브 시스템'. 씻은 식기를 위한 물기 제거 기능과 살균 건조 기능도 탑재. / CLEANUP 'S.S.'

필요할 때 손쉽게 꺼낼 수 있는 세심한 수납공간
대형 냄비나 긴 도구류까지 적재적소에 넣을 수 있는 서랍형 캐비닛. / 노리츠 'Recipia Plus'

한 번에 넣고 뺄 수 있는 외부+내부 서랍 수납장
내부 서랍까지 한 번에 꺼낼 수 있는 '플로어 캐비닛'. 대형 냄비와 작은 도구도 깔끔하게 수납. / TOTO 'THE CRASSO'

주방의 명칭

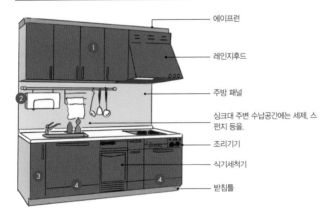

- 에이프런
- 레인지후드
- 주방 패널
- 싱크대 주변 수납공간에는 세제, 스펀지 등을.
- 조리기기
- 식기세척기
- 받침틀

① 월 캐비닛(wall cabinet)에는 식품, 식기 등을 수납. 높이가 다양하므로 수납물과 창의 크기를 고려해 선택.

② 아이레벨존은 주방도구, 도마 등을 정리하면 작업 효율이 높아진다. 손이 가장 잘 닿는 높이이므로 효과적으로 이용할 것.

③ 싱크대 옆쪽에 조리기구, 조미료 등을 수납.

④ 베이스(플로어) 캐비닛의 싱크볼 밑과 조리기기 밑은 서랍형 수납장이 좋다. 싱크볼 아래를 오픈해 쓰레기통을 놓으면 편리.

안쪽 구석까지 보여 데드 스페이스가 없다
데드 스페이스가 되기 쉬운 코너 부분의 수납을 팬트리 느낌으로 활용하는 '코너장'. / LIXIL 'RICHELLE PLAT'

3

주방 계획의
기본 레슨

주방 플래닝을 짤 때는 주방뿐 아니라 LD 공간과의
관계까지 포함해 계획하는 것이 중요하다.

▽

PLANNING

오픈 키친
OPEN KITCHEN

**한정된 공간을 살려
가족과 대화를 즐긴다**

L, D, K 사이를 막지 않고 원룸으로 만든 스타일이
다. 각각을 독립할 때보다 공간 낭비가 없고 탁 트
인 넓은 공간을 얻을 수 있어 최근에는 오픈 키친이
인기를 모으고 있다.

배열은 벽에 붙이는 I형이 공간낭비가 가장 적다.
LDK의 넓이에 따라 대면식이나 아일랜드식으로 한
다. 대면식의 경우 거실 쪽으로 조리대보다 한 단 높
은 카운터 벽을 만들면 싱크대 물이 튀지 않으며 거
실에서 조리하는 모습이 잘 보이지 않는다.

요리 중 그을음이 거실 쪽으로 퍼지는 것을 막으려
면 배기력 높은 레인지후드를 달고 가스레인지 앞
에 유리 스크린 등을 설치한다.

**나무의 색에 세심하게
신경 쓴 널찍한 주방**
LDK 공간에 아일랜드 한 면을 벽에
붙인 페닌슐라형 주방. 가족과 대화
할 수 있고 해방감이 있어 오픈 키
친을 선택. 압박감을 줄이기 위해
등 뒤쪽에는 오픈 선반과 키 낮은
가구를 배치. 부드러운 나무 색으로
맞춰 깔끔하고 밝은 인상.
(miki씨 집, 오사카 부)

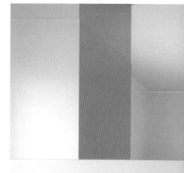

작은 집에서도 넓고 쾌적.

개방적이고 통풍이 잘 되며 밝은 주방이 된다.

요리하면서 가족과 이야기할 수 있다. 어린 아이가 있는 가정
에도 좋다.

가족이 함께 요리하기 편하다. 주방에서 파티를 즐길 수 있다.

음식 냄새나 그을음이 거실로 퍼질 수 있으니 배기력 높은 레인
지후드를 고를 것.

물소리가 작게 나는 싱크대와 운전음이 조용한 식기세척기 및
레인지후드를 설치하면 단란한 거실 분위기를 방해하지 않는다.

LD와 주방 인테리어를 통일하고 수납공간을 충분히 만든다.

오픈 키친 플랜의 포인트

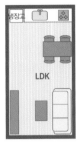

왼쪽 : 아일랜드 키친의
플랜. 4방향에서 쓸 수 있
는 것이 장점이지만 주변
에 동작과 이동을 위한 공
간이 필요해 넓은 공간에
적합. 오른쪽 : I형 주방을
벽에 붙인 플랜. LD 공간
을 넓게 잡을 수 있으므
로 비교적 작은 집에 적
합하다.

세미 오픈
키친

SEMI-OPEN KITCHEN

LD가 보이면서
주방의 생활감도 커버

세미 오픈 키친은 LD와 주방의 경계가
되는 벽에 해치(칸막이벽을 뚫어 양쪽에
서 쓸 수 있는 개구부·창)를 만들어 LD
와 주방을 적당히 분리한 플랜이다. 해
치의 크기에 따라 각 공간이 독립성을
갖거나 연속성을 갖기도 한다.
주방의 배열은 해치를 통해 LD를 볼 수
있도록 싱크대가 있는 카운터를 LD 쪽
으로 향하게 한 대면식이 일반적. 해치
에 문을 달면 독립성이 더욱 보장된다.
또한 해치의 LD 쪽에 카운터를 설치하
면 가벼운 식사를 하거나 상을 차릴 때
편리하다.

복잡한 주방을 적당히 가리면서도
거실과 연결된 카페식 주방
주방의 양끝 두 방향에 출입구를 만들어 동선이 자연스
러운 회유식 플랜. 주방과 거실은 경계벽에 설치한 해치
를 통해 연결된다. 거실 쪽에서 주방 내부가 지나치게 보
이지 않으면서도 대화를 나눌 수 있는 절묘한 플랜.(오타
씨 집, 이바라키 현)

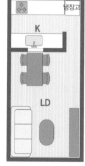

'세미 오픈 키친' 플랜의 포인트

싱크대가 있는 카운터를 LD 쪽과 마주보는 대면식으로 만들
고 LD와의 경계벽에 해치를 단 플랜. 해치를 통해 주방과 LD
를 적절히 연결시킨다.

[장 점]
주방과 LD에 적당한 독립성과 연속성이 있다.
해치를 통해 LD에 있는 가족의 모습이 보여 단란한 분
위기에 동참할 수 있다.
주방 내부가 LD에서 지나치게 보이지 않으므로 생활
감이 덜하다.

[주 의 점]
오픈 스타일보다는 주방의 어지러운 모습이 LD에서 바
로 보이지 않는다. 다만, 냄새와 연기는 어쩔 수 없이 퍼
지므로 파워 있는 레인지후드를 고르도록 한다.
해치가 작으면 주방 내부가 어두워지기 쉬우므로 창
문 계획에 주의한다. 유리를 넣은 주방문을 고르는 것
도 좋다.

독립된 L, D, K구조에 주방 미닫이문을 단 플랜. 필요에 따라 미닫이문을 열거나 닫으면 각 공간을 연결하거나 독립시킬 수 있다. 마당을 둘러싸는 L자형으로 배치하면 창문을 많이 만들 수 있어 채광과 통풍이 좋아진다.

[장점]
차분하게 요리와 뒷정리에 전념할 수 있다.

요리할 때 나오는 오염물이나 냄새, 그을림, 소리 등이 LD로 퍼지지 않는다.

LD에 생활감이 묻어나지 않아 깔끔하게 지낼 수 있다.

[주의점]
단란한 분위기에 동참하지 못하기 때문에 요리하는 동안 고독감을 느낄 수 있다.

좁은 주방은 답답하다. 캐비닛과 내장을 밝은 색으로, 채광과 환기에도 주의하고 창문 계획을 세운다.

왜건을 활용하면 다이닝 룸으로 음식을 나르기 편하다.

L, D, K를 분리시켜 다른 분위기를 즐긴다
출입구에 문틀이 없어 스마트한 인상. LD는 파인재, 주방은 타일과 바닥의 소재로 변화를 줬다. 주방 조리대는 우레탄 칠을 한 집성재. 코너의 오픈 선반에는 주방 잡화를 장식 겸 수납.(S씨 집, 치바 현)

| FILE | 03 |

클로즈드 키친

CLOSED KITCHEN

생활감을 드러내지 않고 차분하게 요리할 수 있다

클로즈드 키친은 주방과 LD를 분리시키는 플랜이다. 주방의 어지러운 모습을 드러내지 않고 요리에 전념하고 싶은 사람, 요리 시 냄새나 그을음이 거실로 퍼지는 것을 싫어하거나 격식 차린 손님이 많이 오는 집에 적합하다.

다만 주방에 있으면 LD의 가족적인 분위기에 동참하지 못하므로 고립감을 느낄 수도 있다. 가족의 분위기를 느낄 수 있도록 플래닝 하려는 노력이 필요하다. 또한 공간이 좁으면 답답한 느낌이 들기 때문에 여유 있는 주방을 만들려면 넓은 집이어야 한다.

좁은 집의 경우 주방문과 바닥, 벽 등의 내장을 밝은 색으로 하고 창을 만들어 공간이 넓어 보이도록 한다.

AIRLINE...WARDS FINEST FM·AM RADIO PHONOGRAPH

DYNAMIC SPEAKER   3-SPEED RECORD CHANGER PLAYS ALL TYPE RECORDS

KITCHEN

최신
시스템키친
카탈로그

기능과 디자인면에서
진화를 거듭하는
시스템키친. 요리가
쉬워지고 관리가
간단하며 사용이
편리한 최신 모델을
소개한다.

TOTO
토토

THE CRASSO
더 크랏소

거실 공간과 잘 어울리는
스타일리시한 디자인

군더더기를 생략한 미니멀 디자인이 아름다운 'THE CRASSO' 시리즈. 야채 찌꺼기 등이 배수구로 자연스럽게 흘러가는 '스퀘어 스베리다이 싱크대'와 관리가 간단한 레인지후드 '제로 필터 후드 eco' 등 기능성을 갖춘 설비가 충실하며 관리가 편한 것도 매력. 청소가 훨씬 편하고 깨끗한 상태가 오래 유지된다.

TOTO도쿄 센터 쇼룸

도쿄 도 시부야 구 요요기 2-1-5
JR 미나미신주쿠 빌딩 7,8F
전화 0120-43-1010
영업 10:00~17:00
휴일 수요일(국경일은 영업),
여름휴가, 연말연시
www.toto.co.jp/

**기름때도 한 번에 닦이는
'제로 필터 후드 eco'**
필터가 필요 없는 레인지후드는 패널을 설치한 채 안과 밖을 닦을 수 있으므로 귀찮은 레인지후드 청소가 간단해진다.

**싱크대를 깨끗이 유지하는
3도의 경사가 포인트**
절묘한 경사를 이용해 야채 찌꺼기를 자연스럽게 모아주는 '스퀘어 스베리다이 싱크대' 일체성형 타입의 배수구라서 관리도 편하다.

내구성 높은 카운터는 유지 관리도 쉽다
새로 등장한 '크리스털 카운터'는 열이나 스크래치에 강하고 내구성도 뛰어나다. 스크래치는 스펀지 등으로 문질러 없앤다.

수전과 레인지후드 등 디자인의 디테일까지 세심하게 신경 써 아름다운 공간을 실현. 정면 폭 274.6cm
아일랜드형 주방, 참고 가격 ¥3,337,200

풀 플랫 주방은 조리나 상 차리기가 쉽고 가족 커뮤니케이션에도 좋다. 정면 폭 255cm I형 주방, 참고가격 ¥736,560

Kitchen | 002

LIXIL
릭실

리셀 에스아이

아름다움을 유지하기 위한
플랜+설비+기능이 충실

매일의 식사 준비가 즐거워지도록 사용자의 편안함을 고집한 플랜. 도구의 출납과 청소 등 일상적인 동작과 동선이 정리되어 있어 요리가 즐거워진다. 세라믹 상판은 도자기의 따뜻함과 높은 기능성으로 호평. 문의 컬러링과 수납 플랜도 다양하며 예쁘게 오래 사용할 수 있도록 배려했다.

아이디어가 추가된 슬라이드 수납장
서랍을 열면 문이 비스듬히 기울어져 자주 쓰는 주방 도구를 쉽게 꺼낼 수 있는 '라쿠파토 수납장'을 개발했다.

열과 스크래치에 강한 세라믹 조리대
최신 세라믹 기술의 조리대가 높은 내구성을 자랑한다.

**내장 센서를 통해
자동으로 물을 틀고 잠근다**
요리 중 손이 더러워졌을 때도 핸즈프리 수전이라면 손을 씻거나 재료를 준비하기 편하다. 수도꼭지 입구를 끄집어낼 수 있어 큰 냄비나 싱크대를 씻을 때 편리하다.

LIXIL쇼룸 도쿄

도쿄 도 신주쿠 구 니시신주쿠 8-17-1 스미토모 부동산 신주쿠 그랜드타워 7F
(전화) 0570-783-291
(영업) 10:00~17:00
(휴일) 수요일(국경일은 영업), 여름휴가, 연말연시
www.lixil.co.jp

PANASONIC
파나소닉

L-CLASS
엘 클라스 키친

다양한 컬러를 선택할 수 있다

주방 카운터의 문과 손잡이를 일체화시켜 공간과 조화를 이루는 디자인. 문은 천연목이나 도장 마감한 고급 소재이며, 100여 가지의 컬러 중에 선택할 수 있다. 요리가 즐거워지는 '멀티와이드 IH'와 'PaPaPa 싱크대'도 인기.

싱크대 안이 넓어 설거지가 쉽고 조리도구 청소도 편하다

큰 사이즈의 조리도구도 여유롭게 씻을 수 있는 'PaPaPa 싱크대'. 쉽게 더러워지지 않고 청소하기 편한 디자인.

요리 동선이 자연스러워지는 와이드 타입의 IH 쿠킹히터

4개의 냄비를 동시에 가열할 수 있는 '멀티와이드 IH'. 조리기기 앞쪽에 작업 공간을 만들어 쉽게 음식을 담도록 설계.

파나소닉 리빙 쇼룸 도쿄

도쿄 도 미나토 구
히가시신바시 1-5-1
[전화] 03-6218-0010
[영업] 10:00~17:00
[휴일] 수요일(국경일은 영업), 여름휴가, 연말연시
sumai.panasonic.jp/sr/tokyo/

문은 100가지, 카운터는 29가지, 손잡이는 10가지 중에서 선택 가능. 최신 설비도 완비. 정면 폭 349cm+229cm II형 주방, 참고가격 ¥4,158,000

일하는 모습은 자연스럽게 감추면서 가족과 대화할 수 있는 대면형 주방. 정면 폭 255cm 스텝 대면 주방, 참고가격 ¥2,290,000(표준 플랜, ¥1,480,000~)

배수구에 아이디어를 더한 '마블 싱크대'

배수구 밑면을 도랑처럼 만들어 양 사이드에서 물이 흐르는 '오쿠 스루 포켓'으로 야채 찌꺼기도 잘 떠내려간다.

싱크볼도 카운터도 넓게 쓸 수 있어 편리

수전 데크를 왼쪽 구석으로 비스듬히 배치해 싱크볼 내부가 더 넓어졌다. 백 가드에는 세제 바구니를 둘 수 있다.

TOCLAS
토클라스

TOCLAS KITCHEN Berry
토클라스 키친 베리

카운터×싱크대를 코디네이트할 수 있다

'마블 싱크대' 8색, 카운터 상판 10색을 조합해 컬러 코디네이트를 할 수 있다. 카운터 안쪽의 백 가드에 세제나 조미료를 놓을 수 있어 카운터 위가 깔끔해진다. 원하는 것을 빠르게 꺼낼 수 있는 '시간 단축형 수납 주방'이다.

TOCLAS 신주쿠 쇼룸

도쿄 도 시부야 구 요요기 2-11-15
도쿄 카이조니치도 빌딩 IF
[전화] 03-3378-7721
[영업] 10:00~17:00
[휴일] 수요일
www.toclas.co.jp

CLEANUP
클린업

S.S.
에스에스

쉽게 닦이는 조리대와 캐비닛

롱셀러인 'S.S.' 시리즈는 내부까지 스테인리스로 마감한 캐비닛이 인기. 특수 코팅된 조리대와 쉽게 닦이는 스테인리스 싱크대 등 관리의 수고를 덜어주는 아이디어와 설비가 잘 되어있다.

캐비닛 세부까지
튼튼한 스테인리스로 마감

캐비닛 안쪽까지 스테인리스로 마감해 냄새가 배지 않고 곰팡이나 녹을 방지하여 더 오래 청결함을 유지한다.

특수 코팅이라 한 번만 닦아도 깨끗하다

스테인리스 카운터에 스크래치나 더러움이 생기지 않도록 특수 코팅을 해 한 번만 닦아도 깨끗해진다.

벽면형의 일반적인 플랜이지만 샤프한 스테인리스 캐비닛으로 스타일리시하게.
정면 폭 270cm I형 주방, 참고가격 ¥1,890,600

CLEANUP 키친 타운 도쿄(신주쿠 쇼룸)

도쿄 도 신주쿠 구 니시신주쿠
3-2-11 신주쿠 미쓰이 빌딩
2호관 1F
전화 03-3342-7775
영업 10:00~17:00
휴업 수요일(국경일은 영업),
여름휴가, 연말연시
cleanup.jp/

주방과 다이닝 룸이 바로 연결된 오픈 플랜. 흰색으로 통일해 깨끗한 느낌을 준다.
정면 폭 274cm I형 주방, 참고가격 ¥ 2,121,552

NORITZ
노리츠

recipia plus
레시피아 플러스

작업 동선에 신경 써
주방의 흐름을 원활하게

요리 준비부터 정리까지 흐름을 정리해 효율적으로 작업할 수 있는 플랜을 제안. 야채 찌꺼기를 손쉽게 버릴 수 있는 음식물 쓰레기통, 작업하기 편한 스퀘어 싱크대, 쉽게 여닫을 수 있는 수납 캐비닛 등으로 가사의 부담이 가벼워진다.

가스 요리에 충실한 기능으로
요리가 더 즐거워진다

'멀티 그릴'과 '더블 고화력' 등 가스 요리에 충실한 기능을 탑재.

요리 준비와 뒷정리까지
무리 없이 해내는 싱크대

넓게 사용할 수 있는 스퀘어형 싱크대에 작업 공간으로 사용할 수 있는 센터 플레이트와 쓰레기통을 추가.

노리츠 도쿄 쇼룸 NOVANO

도쿄 도 신주쿠 구 니시신주쿠
2-6-1 신주쿠 스미토모빌딩 15F
전화 03-5908-3983
영업 10:00~18:00
휴업 화·수요일, 여름휴가, 연말연시

Takara standard
다카라 스탠더드

LEMURE
법랑 시스템 키친 레뮤

튼튼하고 세정력이 뛰어난 법랑을 활용한 주방

법랑의 품질과 성능을 자랑하는 고급스러운 느낌의 캐비닛을 실현. 청소하기 쉬운 아크릴 인조 대리석과 쿼츠스톤(고급 인조 대리석)으로 마감한 조리대, 유리 코팅 마감한 가스레인지 등 엄선된 소재로 구성되어 있다.

신주쿠 쇼룸

도쿄 도 신주쿠 구 니시신주쿠
6-12-13
전화 03-5908-1255
영업 10:00~17:00
휴업 무휴(여름휴가, 연말연시 제외)
www.takara-standard.co.jp/

아크릴제 3층 구조 싱크대로 요리 준비의 부담을 덜어준다.
슬라이드 도마와 2개의 탈수 플레이트로 작업 공간이 넓어져 요리 준비가 편하다.

컬러링도 다양한 법랑 소재의 키친 패널
물걸레질만으로 기름때도 깨끗해지는 '법랑 클린 키친 패널'. 유성펜으로 쓴 메모도 물걸레질로 OK.

플랫 타입의 대면형 주방. 인테리어와 어울리는 우드 풍과 빈티지풍 등 다채로운 라인업. 정면 폭 259cm I형 주방, 참고가격 ￥1,611,792

경면 마감한 베이스 캐비닛과 예쁜 카운터로 경쾌한 느낌의 주방. 정면 폭 270cm I형 주방, 참고가격 ￥1,979,400(설비기기 포함)

이질적인 소재를 조합해 모던한 느낌을 연출
스테인리스 조리대와 천연목 베니어판 문의 조합이 아름답다. 문은 25가지 색상 중 선택 가능.

주방의 인상을 결정하는 문 소재에 세심한 배려
천연목 베니어판과 경면 도장, 스테인리스 마감 등 고급스러운 느낌의 소재가 매력. 손잡이도 다양한 디자인 중에서 선택.

EIDAI
에이다이 산업

PEERSUS EUROMODE S-1
피어서스 유로 모드 S-1

가구처럼 격조 높은 유럽 스타일의 모던 키친

북유럽풍 모던 스타일에 최첨단 기술을 갖춘 시스템키친. 좌우 대칭 디자인, 고급 소재와 도장 마감으로 탄생한 안락한 공간을 즐길 수 있다. 스테인리스 가공한 캐비닛은 내구성이 높고 유지 보수도 간단하다.

우메다 쇼룸

오사카 시 키타 구 우메다
3-3-20 메이지 야스다 생명
오사카 우메다 빌딩 14F
전화 06-6346-1011
영업 10:00~17:00
휴업 수요일, 골든위크, 여름휴가, 연말연시
www.eidai.com

Ikea
이케아

METOD & BODBYN
메토드 & 보드빈

심플한 화이트 키친은
디테일에서 차이를 만든다

화이트 주방도 손잡이나 수전 등 디테일에 신경 쓰면 개성있는 공간이 된다. 우드 느낌의 조리대를 함께 놓으면 내추럴한 분위기로 완성된다. 수납고에도 LED 조명을 더해 부드러운 인상으로.

IKEA Tokyo-Bay

치바현 후나바시시 하마초 2-3-30
전화 0570-01-3900
영업 10:00~21:00(토 · 일요일 · 공휴일 9:00~)
휴일 무휴(1월 1일 제외)
www.ikea.com/jp/ja/

선반 안쪽까지 손이 닿는 회전식 캐비닛
물건의 크기와 높이에 맞춰 선반을 조절할 수 있는 회전식 코너 캐비닛. 문에는 강화 유리를 달았다.

매일 쓰는 주방 도구를
서랍에 깔끔하게 정리
'커트러리', '조미료 병' 등의 전용공간을 만들면 내부가 항상 깔끔. 수납용 LED 조명도 추천.

다소 복고풍을 즐길 수 있다. 정면 폭 264×229cm L형 키친 + 정면 폭 108×160cm 아일랜드 카운터, 참고가격 ¥773,500(가스레인지, 레인지후드 등 설비기기 별도)

오크재 흰색 문은 나뭇결이 연하게 보이도록 오프 화이트 마감. 정면 폭 301×408×156cm ㄷ자형 주방, 참고가격 ¥950,000~(정면 폭 255cm l형 주방의 경우)

우아한 수입 수전으로
주방을 한 단계 업그레이드
싱크대 주변의 인상을 품격 있게 바꾸는 클래식한 디자인의 수전. 수입 수전도 주문제작 가능.

천연목 마감한 주문 제작 캐비닛
주방에 맞춰 수납 캐비닛도 주문 가능. 캐비닛 문은 나뭇결을 살린 도장 마감.

Annie's
애니즈

French Style
프렌치 스타일

라이프 스타일에 맞춰
주방 공간을 주문

소재와 마감, 크기, 기능을 취향과 공간, 예산에 맞춰 밀리미터 단위로 주문 가능. 라이프 스타일에 맞춘 주방을 가질 수 있다. '프렌치 스타일'은 디테일에 우아한 멋을 더한 여성스러운 스타일이 인기.

도쿄 쇼룸

도쿄 도 신주쿠 구 니시신주쿠 3-7-1 신주쿠 파크 타워 OZONE 7F
전화 03-6302-3378
영업 10:30~19:00
휴일 수요일
annie-s.co.jp/

FILE
파일

Custom Made Kitchen
커스텀 메이드 키친

최적화된 주방을 전체적으로 코디네이트

인기 가구점의 주문 제작 주방은 토탈 코디네이트가 호평이다. 청결을 중시한 청소의 편리성과 연령 대 변화에 따른 소재 선택에 신경 썼고 라이프 스타일에 맞춘 레이아웃과 수납 플랜, 디자인 등 세심한 것까지 신경쓴다.

FILE Tokyo

도쿄 도 오타 구 덴엔초후 2-7-23
전화 03-5755-5011
영업 11:00~18:00(예약제)
휴일 수요일
www.file-g.com

부품과 설비도 개별적으로 선택해 원하는 공간을 주문
조리대와 수전, 식기세척기, 레인지후드 등의 설비를 자유자재로 조합해 평소 원하던 공간으로.

내추럴 스타일의 주문 캐비닛
주방 카운터에 맞춰 주문할 수 있는 캐비닛은 인기 있는 천연 소재나 도장도 선택 가능.

빈티지 가구에도 잘 어울리는 월넛재를 선택한 아늑한 주방. 정면 폭 240×220cm L형 캐비닛, 참고가격 ￥3,800,000

L형 주방에 작업대를 추가해 여유 있는 작업 공간을 확보. 정면 폭 265×213cm
L형 주방+아일랜드 카운터, 참고가격 ￥3,800,000

LiB contents
립 콘텐츠

Order Kitchen
주문제작 주방

집의 중심 주방을 '행복한 곳으로'

부부가 함께 요리를 하거나 집에서 요리 수업을 하는 등 라이프 스타일과 인테리어에 맞춰 처음부터 디자인, 주문제작하는 주방. 해외의 수전이나 오븐을 고르거나 레인지후드와 싱크대를 주문해 제작할 수 있다.

무거운 조리기구도 빨리 꺼낼 수 있는 슬라이드식 선반이 인기
'조리기기 밑에 슬라이드형 오픈 선반을 만들고 싶다'는 등의 세세한 주문도 가능.

내추럴 스타일의 도제 싱크대를 조합
수입 싱크대와 수전을 조합해 외국 주방처럼. 인테리어성 높은 상부장은 유리 종류도 주문 가능.

LiB contents 쇼룸

도쿄 도 메구로 구 야쿠모 3-7-4
전화 03-5726-9925
영업 10:30~18:00
휴일 일요일, 여름휴가, 연말연시
libcontents.com

CHAPTER

7

A Curtain Rise !

WINDOW TREATMENT

사람과 마찬가지로 집도 기분 좋은 빛과 바람을 좋아한다
건물에서 차지하는 면적이 많은 만큼 중요한 창의 장식
윈도 트리트먼트의 기본을 자세히 알아보자

1
LESSON

창문 꾸미기의 기본

커튼과 스크린 선택법에 따라 방의 인상이 크게 달라진다. 여기서는 아이템의 종류와 특징 등 중요한 선택 포인트를 확인해보자.

▽ WINDOW BASIC

THEME 1
창문 주변 아이템의 종류

어떤 커튼과 블라인드를 선택하느냐에 따라 인테리어 분위기 뿐만 아니라 생활의 쾌적함에도 영향을 준다. 윈도 트리트먼트(창문에 차양, 커튼 등을 이용해 기능적이고 장식적으로 처리하는 것. '창문 꾸밈' 또는 '창문 처리')는 개폐 방식에 따라 오른쪽 표에서처럼 3가지로 나뉜다. 선택할 때는 창의 용도와 맞는지를 먼저 확인하자.

자주 쓰는 바닥창이나 테라스 창은 좌우로 개폐하는 커튼이나 세로형 블라인드를 달면 출입하기 쉽고 편리하다. 상하로 개폐하는 셰이드나 스크린은 필요에 따라 내리면 햇빛이나 위쪽 방향의 시선을 막을 수 있다는 것이 장점. 또한 세로로 긴 창문은 한쪽 짜리 커튼이 조화를 이루도록 커튼 선택 시 창문 크기의 가로 세로 비율에도 신경을 써 균형 잡힌 창가를 만들어보자.

개폐 방향별 윈도우 꾸미기 아이템의 종류와 특징

좌우로 개폐	상하로 개폐		고정
	접어 올리는 형	감아 올리는 형	
커튼	가로형 블라인드	롤 스크린	카페 커튼
가로형 블라인드	로만 셰이드	발	크로스 오버 스타일
패널 스크린	플리츠 스크린		태피스트리

POINT
- 정면 폭이 넓고 좌우로 여닫는 문에 적합하며 작은 창이나 세로로 긴 창에는 적합하지 않다.
- 출입하기 편하므로 바닥창이나 테라스 창에 적합하다.
- 칸막이로도 이용 가능

POINT
- 활짝 열면 위쪽으로 정리되어 창문이 깔끔해 보인다.
- 작은 창이나 세로로 긴 창에 적합하다.
- 출입이 잦은 바닥창에는 부적합.
- 롤 스크린은 칸막이와 수납공간 등의 가리개로도 좋다.

POINT
- 외부 시선을 차단하는 효과.
- 인테리어를 연출하는 장식적인 효과.
- 태피스트리는 칸막이로도 이용 가능.

**자연스러운 색과 느낌으로
부드러운 분위기의 창가**
커튼 봉에 끼운 심플한 커튼. 내추럴한 천의 느낌이
소박한 인상을 준다. 바닥과 가까운 곳이 진한 색이
라 차분한 분위기.

주요 커튼 천의 종류

프린트
비교적 평면적인 천에 프린트로 무늬를
넣은 패브릭. 아트 감각으로 즐기는 추
상적 무늬와 내추럴한 꽃무늬 등 종류
가 다양. 드레이프 외에 보일에 프린트
한 것도 있다.

시어 패브릭
얇고 빛을 통과하며 가벼운 이미지. 편
물기계로 짠 레이스와 가는 실을 사용한
평직 직물인 보일이 대표격. 보일에 자수
를 놓은 것을 엠브로이더리(embroidery)
라고 한다.

드레이프
드레이퍼리라고도 하며 굵은 실을 사용
한 두꺼운 커튼지. 보온과 방음, 차광 등
의 기능이 뛰어나고 무지나 무늬가 있는
것 등 종류가 다양하다. 가장 일반적인
커튼은 드레이프와 레이스의 2중 커튼.

THEME
2

**커튼 천의
종류**

커튼은 천의 두께와 짜는 방식 등에 따
라 구분되는데 천이 두꺼운 드레이프,
얇고 빛을 적당히 투과시키는 레이스와
보일, 레이스보다 두꺼운 실로 짠 케이
스먼트 등이 있다. 현재 커튼에 사용되
는 섬유는 폴리에스테르가 주류를 이루
며 구김이 적고 세탁 시 변형이 적은 것
이 특징이다. 면과 마는 내추럴한 느낌
이 매력이다.

THEME
3

**기능성
커튼 천**

커튼 천에는 다양한 기능성 제품이 있으
므로 방의 용도와 창의 방향, 주위 환경
등을 고려해 선택한다. 항상 깨끗함을
유지하고 싶다면 워셔블 기능이 있는 것
을 고른다. 아파트나 덧문이 없는 단독
주택은 차광성 있는 천을 선택해 프라이
버시를 지킨다. 낮 시간 동안 외부의 시
선을 막기 위해서는 미러리스가 효과적.

기능성 커튼 천의 종류와 특징

소취·항균	소취는 음식물 쓰레기와 애완동물, 담배 등의 불쾌한 냄새를 억제하는 기능. 항균은 표면에 붙은 균의 증식을 억제하는 기능.
워셔블	가정에서 세탁할 수 있는 패브릭. 세탁해도 늘어나거나 줄어들지 않고 물빠짐도 거의 없다. 가족 공간인 LD와 아이 방 등에 적합.
차광	외부의 빛을 차단하는 효과가 있으며, 씨실에 검은 실을 짜 넣은 것과 천 뒷면에 수지로 라미네이트 가공한 것이 있다.
내광	강한 햇살에 노출되어도 쉽게 변색되지 않는다. 레이스와 케이스먼트는 내광성 있는 것이 좋다.
미러리스	낮 동안에는 밖에서 실내가 잘 보이지 않고 실내에서는 밖이 보이는 하프 미러 효과가 있다. 여름에는 냉방 효율을 높여주며, 가구의 변색을 방지하는 효과도 있다.
UV 컷 레이스	자외선 투과율을 낮추는 기능을 가진 레이스. 가구와 바닥이 볕에 바래는 것을 막고 낮 동안에는 밖에서 실내가 잘 보이지 않도록 한다.
방염	난연사 사용 및 방염가공으로 불에 쉽게 타지 않는 천. 방염은 불연과는 다르며 만일 불이 붙어도 잘 번지지 않는다.

2

LESSON

인테리어에 어울리는 기능적인 창을 디자인

아이템별
창문 꾸미기 방법

창문 주변의 아이템에는 각각의 특징이 있다.
인테리어 분위기에 맞는지, 쓰기에는 편리한지 등을 세심하게
체크하자.

▽
HOW TO SELECT

ITEM. 01

커튼

POINT : 1

> 인테리어와 천에
> 어울리는 커튼 스타일을
> 선택한다

커튼 윗부분의 스타일을 결정할 때는 인테리어와의 조화, 천의 무늬
와 느낌도 고려해야 한다. 어떤 스타일의 인테리어와도 잘 어울리
고 천의 두께나 무늬를 가리지 않는 것이 '플리츠 커튼'이다. 2중 주
름이 일반적이지만 3중 주름으로 만들면 더욱 풍성한 주름을 누릴
수 있다. 아름다운 주름을 만들려면 부드러운 천이 적합하다. '개더
플리츠'는 얇은 천이 좋으며, 여성스럽고 부드러운 분위기의 창가를
연출한다. '탭(tab) 스타일'이나 '펀치링 스타일' 등 플랫 커튼은 캐주
얼한 공간에 잘 어울린다. 안길이를 둘 필요가 없어 좁은 방에서도
답답하지 않고 무늬를 그대로 살릴 수 있는 것이 특징이다. 어느 정
도 힘있는 천이 적합하다.

커튼 윗부분의 다양한 변형

2중 주름	3중 주름	개더 플리츠
플랫 스타일	탭 스타일	펀치링 스타일

모노톤의 천과 철제 레일로 세련된 창가
레이스는 심플한 탭 스타일. 프린트된 드레이프는 세로로
긴 창에 어울리는 한 장짜리.(마야 씨 집. 뉴욕)

린넨 시트를 커튼으로
창문에 단 것은 'MUJI'의 시트. 소박한 느낌의 천을 통해 부드러운 햇살을 즐길 수 있다.(요시다 씨 집, 교토 부)

산뜻한 린넨 패널 커튼
햇볕을 투과하는 린넨으로 북유럽풍 공간을 연출. 연한 그린 컬러로 바깥 풍경과도 잘 어울린다.(마키 씨 집, 홋카이도)

커튼 치수 재는 법

커튼의 완성 폭

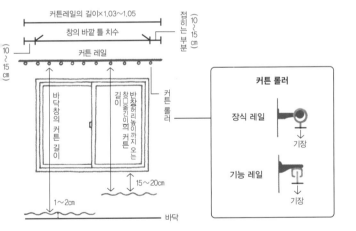

커튼레일의 길이×1.03~1.05

창의 바깥 틀 치수

접히는 부분 10~15cm

커튼 레일

10~15cm

바닥창의 커튼 길이

창턱 허리 높이 까지 오는 길이

반창 허리 높이 까지 오는 커튼

커튼 롤러

15~20cm

1~2cm

바닥

커튼 롤러

장식 레일 → 기장

기능 레일 → 기장

후크의 종류

A타입　B타입　어저스트 후크

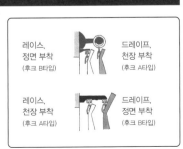

레이스, 정면 부착 (후크 B타입)

드레이프, 천장 부착 (후크 A타입)

레이스, 천장 부착 (후크 A타입)

드레이프, 정면 부착 (후크 B타입)

레일의 외관에 따라 후크도 다르다. 레일이 보이는 경우에는 천장 부착 (A타입), 레일을 감추는 경우에는 정면 부착(B타입).

POINT : 2

커튼과 레일의 폭은 창문보다 약간 넓게 잡기

커튼레일의 길이와 커튼의 완성 폭에는 여유가 필요하다. 레일의 길이는 커튼이 접히는 몫을 감안해 창 폭의 좌우에 10~15cm를 더한다. 그렇게 하면 커튼을 열었을 때 커튼이 창을 가리지 않고 창 면적을 그대로 살릴 수 있다. 양쪽짜리 커튼의 폭은 레일 길이에 3~5%의 여유분을 더하면 커튼을 닫았을 때 가운데 부분이 벌어져 난감해지는 일이 없다. 중앙의 롤러에 마그네틱을 달면 만나는 부분이 잘 닫힌다.

커튼의 양끝과 벽 사이의 틈을 없애면 커튼의 단열성이 향상. 양쪽짜리 드레이프 커튼은 고정을 위해 좌우를 약 10cm씩 길게 만들고 벽에 고정 고리를 달아 커튼을 벽에 밀착시킨다.

에너지 절약 기능	조광 · 통풍 기능

에너지 절약 기능

여름

직사광선을 차단해
냉방 효과를 높인다.

겨울

따뜻한 공기의 유출을 억제해
난방 효과를 높인다.

조광 · 통풍 기능

여름

여름에는 직사광선을 가리면서
통풍이 잘 돼 시원하게

겨울

겨울에는 햇볕이 방으로
들어와 밝고 따뜻하게

밤

밤에는 방안 불빛이 밖으로
새는 것을 막는다.

ITEM. 02

가로형 블라인드

매니시한 가구와도 매치
딱딱한 느낌의 공간에 어두운 우드 블라인드가 잘
어울린다.(와키 씨 집, 도쿄 도)

POINT

날개의 각도 조절로
빛과 시선을 조절

가로형 블라인드는 여러 개의 수평 슬라이드(날
개)의 경사각을 자유롭게 조절할 수 있는 구조
이다. 그래서 직사광선은 가리면서 집안을 환하
게 한다거나 바깥 시선은 차단하면서 통풍이 가
능하다. 여름에는 뜨거운 햇살을 막고 겨울에는
온기가 밖으로 유출되는 것을 막아 냉난방 효율
이 좋아지고 에너지 절약 효과도 있다.
가로형 블라인드는 주로 알루미늄 제품이 많지
만, 용도에 따라 다양한 종류가 있다. 내추럴 인
테리어에 제격인 것이 목재 블라인드. 알루미늄
보다 비싸지만 나무의 따스함이 매력적이다. 또
한 슬라이드 폭이 다양해 작은 창에는 좁은 슬
라이드, 큰 창에는 폭이 넓은 타입이 어울린다.
내수성이 높은 부재를 사용한 욕실용 블라인드
는 타일 벽과 같이 나사를 박기 어려운 곳에도
고정할 수 있는 텐션 타입이 있다.

창문 가득 경치를 볼 수 있다
날개의 각도 조절로 햇볕과 정원의 나무를 볼 수 있고 차단할 수도 있어 쾌적.
(사사매 씨 집, 이바라키 현)

ITEM. 03

세로형 블라인드

POINT

> 세로로 긴 루버를
> 통해 새어드는
> 빛의 라인이 아름답다

세로형 블라인드는 버티컬 블라인드라고도 하는데, 여러 개의 긴 루버(날개)를 레일에 거는 구조다. 루버를 회전시켜 햇볕과 외부의 시선을 자유자재로 조절할 수 있다.

원래는 사무실이나 상업시설에 많이 쓰였으나 부드러운 천으로 된 루버가 나오면서 주택에도 보급되었다. 루버의 수직 라인이 모던하고 샤프한 분위기를 연출한다. 가로로 긴 창보다는 세로로 긴 창에 적합하며 폭과 높이가 있는 큰 창문에 알맞은 아이템이다.

ITEM. 04

플리츠 스크린

POINT

> 섬세한 주름이
> 만들어내는 미세한
> 빛의 음영이 특징

스크린을 섬세한 주름 모양으로 가공해 줄을 올리고 내리는 타입의 셰이드다. 섬세한 표정과 부드러운 빛을 만끽할 수 있고 큰 창에서 작은 창까지 창의 크기를 가리지 않으며 일본식 인테리어에서 모던한 공간까지 폭넓은 스타일에 어울린다.

천은 주로 얇아서 빛을 적당히 통과시키는 것이 사용되지만 차광 타입도 있다. 그 밖에 스크린을 세탁할 수 있는 워셔블 타입, 2종류의 스크린을 섞은 타입도 있다. 하단의 손잡이를 이용해 스크린을 상하로 조절하는 무선 타입은 영유아가 있는 가정에서도 안심이다.

간접 조명처럼 유리그릇을 돋보이게 배치
유리 오브제 컬렉션이 블라인드 너머의 부드러운 빛으로 인해 더욱 매력적으로 보인다.(N씨 집, 가나가와 현)

믹스 스타일과도 예쁘게 어울린다
모던한 가구와 라탄 소품을 함께 둔 인테리어. 창은 벽과 같은 계열색의 스크린으로 코디네이트.(다카쿠라 씨 집, 도쿄 도)

ITEM. 05

롤 스크린

POINT

완전히 올리면
콤팩트하게 정리되고
스크린의 개폐 조작도 간단

롤 스크린은 간단한 조작으로 스크린을 올렸다 내렸다 하고 원하는 높이에서 멈출 수도 있는 편리한 아이템. 모두 걷어 올리면 콤팩트한 파이프 모양으로 정리되기 때문에 조망과 채광은 그대로 누리면서 깔끔한 창가를 만들 수 있다.

조작 방법은 한 손으로도 조작할 수 있는 스프링식, 코드를 당겨 개폐하는 코드식, 톱 라이트와 높은 창에 편리한 전동식 등이 있다. 심플한 공간에 어울리는 아이템이지만 다양한 패브릭 제품이 있어 폭넓게 사용할 수 있다. 얇은 천과 두꺼운 천 2장으로 하나의 스크린을 만든 더블(트윈) 타입도 있다.

ITEM. 06

로만 셰이드

POINT

다양하게 변형된 디자인
상하 승강형으로
기능성도 좋다

로만 셰이드는 패브릭으로 마감된 셰이드. 줄을 당기면 아래쪽에서부터 접혀 올라가는 구조. 조금만 내려도 햇볕과 위쪽의 외부 시선을 차단할 수 있는 상하 승강 타입 특유의 기능은 롤 스크린과 동일하다. 하지만 천 주름의 부드러운 느낌을 감상할 수 있다는 것이 특징이다.

끝까지 내리면 천 한 장이 걸려 있는 것처럼 보이는 플레인 스타일(plain style)은 어떤 인테리어와도 잘 어울린다. 여성적인 공간에는 벌룬 스타일(ballon style)이나 루스 스타일(loose style) 등 드레이프가 아름다운 타입이 적합하다.

천장이 높아 보이는 세로 스트라이프 무늬
앤티크 가구와 조명을 중심에 둔 방에 전통적인 무늬의 스크린으로 차분한 분위기 연출.(하기와라 씨 집. 이바라키 현)

딱딱한 가구의 분위기를 부드럽게 만드는 셰이드
공업계 램프와 철제 선반 등이 악센트. 스트라이프 무늬의 셰이드로 창가에 움직임과 변화가 생긴다.(이노우에 씨 집, 오사카 부)

150

TOPICS
인테리어를 장식하는 창가 연출법

TOPICS : 1
갈런드를 장식해
재미있고 경쾌하게

귀여운 오너먼트를 끈에 매단 장식이 갈런드다. 가족 기념일이나 이벤트, 계절감을 연출하고 싶을 때 추천.

선룸 창가의 악센트
창에 커튼을 달지 않고 창문 가득 햇볕을 만끽. 갈런드로 편안함을 높였다.(마스다 씨 집, 가나가와 현)

태슬로 더욱 따뜻해진 분위기
샤베트 오렌지 벽에 선명한 수제 갈런드를 매치
(사라 & 에릭 씨 집, 뉴욕)

TOPICS : 2
창가 선반을 만들어
애장품으로 장식

가슴 설레게 하는 인테리어 소품과 잡화, 추억의 아이템으로 장식하는 것도 인테리어의 재미. 창가에 작은 선반을 설치하면 멋진 디스플레이 공간이 탄생!

2개의 창 앞에 선반을 설치
밖에서 보았을 때 소품 숍인 것처럼 만들고 싶었던 것 같다. 주방 잡화를 보이는 수납으로 즐긴다.(오카자키 씨 집, 기후 현)

TOPICS : 3
실내에 장식문을 달아
창문에 표정을

창에 덧문을 댄 유럽의 멋진 집들. 원래는 창 밖에 덧문 대신 설치하는 아이템을 실내에 적용했다.

목재 장식문을 달아
오두막 같은 분위기로
천장에 경사를 만들고 튼튼한 화장보를 배치. 창에는 장식문을 달아 평소 꿈꾸던 유럽의 오두막풍 침실로 꾸몄다.(다카하시 씨 집, 가나가와 현)

3

LESSON

기분 좋은 빛과 바람을 전해주는 쾌적한 생활을

역할과 기능에 맞는
창가 플래닝의 기본

채광과 통풍, 조망을 만족시키고 혹독한 자연으로부터 생활을 지켜주는 창. 외관 디자인과 인테리어, 생활의 편리함에도 영향을 미치므로 다방면에서 잘 검토해 최고의 플랜을 찾아보자.

▽
PLANNING

POINT : 1

인테리어 스타일과
어울리는 창의 소재,
색깔, 디자인을 고른다

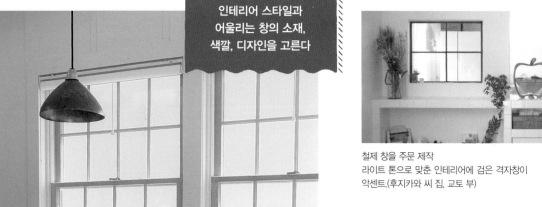

철제 창을 주문 제작
라이트 톤으로 맞춘 인테리어에 검은 격자창이
악센트.(후지카와 씨 집, 교토 부)

목재 창이 낮은 벽과 조화를 이루는 해변 리조트
격자를 넣은 내리닫이창 2개를 나란히 만든 플랜. 허리벽 윗부분을 흰색으로 칠하고 창틀도 같은 색으로 통일해 산뜻한 창이 돋보인다.(가와무라 씨 집, 가나가와 현)

인테리어의 완성도를 높이려면 창틀의 소재, 색깔, 디자인에도 주목해야 한다. 예전과 달리 알루미늄과 수지 새시도 컬러가 다양해졌다. 외관과 실내의 컬러가 다양해 외관은 건물 전체를 한 가지 색으로 통일하면서 실내 쪽은 인테리어에 맞춰 흰색이나 나뭇결 느낌 등으로 방마다 색을 선택할 수 있는 타입도 있다.

수입 목재창을 고집하는 사람도 많다. 디자인이 멋있을 뿐만 아니라 단열 성능이 뛰어난 제품이 많기 때문이다.

개폐 방식은 예전에는 미서기 창이 주를 이루었지만 요즘은 미닫이창이나 고정창 등 종류가 다양하다. 개성 있는 외관과 인테리어를 위해서는 세로로 긴 슬릿 창이나 작은 창을 여러 개 배치해 벽면에 리듬감을 주는 방법도 있다. 사람이 출입할 수 없는 크기의 작은 창이나 슬릿 창은 방범 면에서도 장점이 있다.

**새시를 활짝 열면
실내와 데크가 하나가 된다**
테두리 없는 다다미와 튼튼한
보가 인상적인 일본식 모던 공
간. 창은 모두 벽 안으로 들어
가는 전개구 새시. 개방적인 공
간감을 만끽할 수 있다.
(고마쓰 씨 집, 치바 현)

POINT : 2

**안과 밖의 일체감
큰 창으로 방이 넓어지고
기분도 상쾌!**

바닥 면적이 한정적인 주택의 형편상 널찍한 공간감을 느끼려면 밖
으로 이어지는 시각적 확산을 염두에 두고 창을 계획할 것. 거실 앞에
데크나 정원을 만들 경우 가능한 한 큰 개구부를 만들어 실내와 야외
공간이 연속되도록 한다. 탁 트인 공간감을 느낄 수 있다.
창을 활짝 열 수 있는 전개구(全開口) 새시를 추천할만한데, 폴딩 도
어 타입과 미닫이 문 타입이 있다. 옆의 벽으로 새시를 모두 집어넣
을 수 있는 타입은 창을 활짝 열었을 때 새시가 보이지 않고 깔끔해
서 압도적인 개방감을 느낄 수 있다. 데크를 만들 경우 바닥의 단차
가 없는 것이 좋다.

POINT : 3

**고창과 바닥창을 설치해
주택 밀집지에서도
프라이버시 확보**

**다다미로 퍼지는 햇살이
아름다운 모던한 일본식 방**
바닥창은 벽면에 큰 수납공간을 만들 수
있다는 것도 장점.(M씨 집, 시가 현)

**위에서 비치는
햇살이 매력적**
천장 근처에 하이사이
드 라이트를 마주보게
설계. 시간의 경과와
함께 햇살이 띠처럼 벽
면을 이동한다.
(오바타 씨 집, 치바 현)

도로변에 위치한 집이거나 옆집과 가까이 붙어 있는 집일 경우 창의
배치를 연구해 프라이버시를 지킬 수 있다. 천장 가까이에 고창(하이
사이드 라이트)이나 바닥 근처에 바닥창(로사이드 라이트)을 적재적
소에 설치하면 외부의 시선을 막을 수 있다. 개폐식으로 만들면 환기
가 되어 쾌적하다.
벽면에 가구를 두거나 그림을 걸 경우 일반적인 높이의 창을 내기 어
려울 수 있다. 그럴때 고창이나 바닥창을 추천한다. 바닥창은 앉았을
때 시선이 낮아지는 일본식 방과도 잘 어울린다. 옆집과 붙어 있는 방
은 두 집의 창이 마주보지 않도록 창을 서로 어긋나게 계획하면 시선
을 신경 쓰지 않아도 된다.

4

LESSON

가족의 인기척도 느끼고 시야도 넓힌다!

실내창 플래닝의 기본

빛과 바람을 끌어들이고 안과 밖을 잇는다.
실내에 다양한 역할의 창을 만들면 공간이
넓게 느껴지고 가족 간의 교류에도 효과적.

▽

INDOOR WINDOW

POINT : 1

벽면의 '시야 확보'가
공간을 넓어 보이게 한다

- LDK -

좁고 폐쇄된 공간에 있으면 누구나 답답함을 느낀다. 실내가 어떤 색이냐에 따른 것이기도 하지만 시각적인 공간감이 부족한 것도 원인 중 하나다. 작은 집에서도 개방감을 느끼고 싶다면 방과 방을 막는 칸막이벽에 창을 만드는 '실내창'을 검토해보자.

벽이던 곳에 창이 생기면 두 공간이 연속되어 시야가 넓어지고 밝은 햇빛이 퍼져 개방감 넘치는 공간이 된다. 창의 위치는 물론 창틀의 디자인과 컬러를 잘 연구하면 인테리어의 포인트가 된다.

- KID'S ROOM -　　　　- ENTRANCE -

넓어 보이고 포컬 포인트로도 활용
핑크빛 벽의 아이 방은 가구에 맞춰 창틀을 흰색으로 칠했다. 복도 쪽은 갈색으로 칠하고 소품을 장식했다.(K씨 집, 가나가와 현)

검은 창틀이 실내에 악센트를 준다
거실과 옆방 사이의 벽에 큰 실내창을 달았다. 시선이 안쪽 창을 통해 정원까지 이어진다.(기시모토 씨 집, 오사카 부)

- LDK -
요리를 하면서 아이들의 모습을 볼 수 있다
LDK와 가까운 작업 공간. 철제 창 너머로 아이들이 노는 모습을 보며 안심하고 식사 준비를 할 수 있다.(아오키 씨 집, 가나가와 현)

유리 너머로 전해지는 가족의 인기척. 안정감과 일체감이 느껴지는 집

- LDK -
넓은 실내창은 일부가 개폐식
스터디 코너에서는 검은색 격자창을 통해 아이 방을 볼 수 있다. 아이 방 창을 통해 빛이 퍼져 매우 밝다.(니시사코 씨 집, 가나가와 현)

실내창을 만들면 방과 방이 연결된다. 어린 아이가 있는 집은 아이 방과 LD나 주방의 경계벽에 실내창을 설치하는 것도 좋다.
가족이 각자의 방에 있어도 유리 너머로 서로의 인기척이 전해진다. 대화를 나누지 않아도 서로의 모습이 보이기 때문에 부모도 아이도 안심할 수 있다. 밤에는 창을 통해 따뜻한 불빛이 흘러나와 가족의 온기가 느껴진다.
최근에는 보이드를 설치한 거실이 많은데 보이드와 접한 2층에 아이 방과 서재를 만들 경우 실내창을 추천한다. 각층에 있는 가족에게 자연스럽게 말을 걸고 서로의 상황을 파악할 수 있다.

- 1F LIVING ROOM -　　　**- 2F KID'S ROOM -**

아이와 대화할 수 있다는 것도 장점
보이드와 접한 2층에 아이 방을 배치. 거실에 있어도 인기척을 느낄 수 있고 식사나 간식 시간을 알릴 수 있다는 점도 편리하다.(N씨 집, 기후 현)

어두워지기 쉬운 공간도 채광과 통풍이 잘 되도록!

현관과 복도 등 창을 내기 힘든 공간에도 실내창을 설치하면 채광과 통풍을 확보할 수 있다. 환기가 잘 되게 하려면 양면 혹은 그 이상에 창이 있는 것이 이상적이지만, 아파트는 창이 한 면 밖에 없는 경우가 많다. 그런 경우에도 실내창을 만들면 효과적으로 환기할 수 있고 채광이나 시각적인 공간감도 얻을 수 있다.

어두운 복도에는 옆방과의 경계벽에 가로로 긴 바닥창이나 고창을 다는 것도 방법이다. 바닥창의 경우에는 옆방에서 들어오는 햇볕이나 불빛이 복도로 퍼져 발밑이 밝아지기 때문에 보행 시 안전성이 높아진다.

플랜을 짤 때는 채광을 위한 것인지 통풍을 위한 것인지 목적을 명확히 하여 창의 개폐 방식과 크기, 설치 장소를 정한다. 채광이 목적이라면 깔끔한 고정창을 달거나 유리블록을 선택하는 방법도 있다. 환기를 위해 개폐식으로 만들 때는 창을 열었을 때 통행에 방해가 되지 않는지 확인하여 창의 스타일과 위치를 선택한다. 좁은 공간에서는 미서기 창으로 달면 좋다.

방문객의 모습이 창 너머로 보이고 넓어 보여서 좋은 실내창
현관홀과 거실 사이에 설치한 실내창은 프랑스 제품. 방의 악센트로도 좋고, 채광에도 효과적이다. 창틀의 도장은 현관과 거실의 인테리어에 맞춰 변화를 줬다.
(이노우에 씨 집, 사이타마 현)

다이닝 룸과 주방에 빛과 바람을 전하는 흰색 실내창
실내창 뒤편에 다이닝 룸과 주방이 있다. 실내창을 만들면서 빛이 들어와 편하고 쾌적한 공간이 탄생. 거실 벽면은 다이닝 룸의 시선을 의식해 꾸몄다.
(마스다 씨 집, 가나가와 현)

현관이 밝고 통풍이 잘되며 인테리어의 포인트도 된다
건축 사무소에 설치된 실내창을 보고 만든 것. 구로카와 철 특유의 소박함이 개성 있는 방을 만드는데 한몫했다.
(M씨 집, 사가 현)

CHAPTER

8

Art Body

I DISPlAY

좋아하는 아이템을 더욱 돋보이게 배치하는 법
색과 형태, 소재와 질감의 균형을 잡는 방법은 무엇일까?
공간을 잘 활용해 인테리어한 세 집을 소개한다

CASE. 1

—

Art & Green

Jono House

Concept: ART & GREEN   Area: TOKYO
Size: 90.8m²   Layout: 2LDK   Family: 3

—

장식이 많아 보이지만 왠지 멋있다
외국 영화에 나오는 분위기로 꾸민 방

높은 천장, 흰색 창을 통해 비쳐드는 햇살, 넉넉한 소파, 액자와 오브제 등으로 장식한 개성 있는 월 디스플레이. 편안한 인테리어가 마치 외국의 어느 집을 보는 듯하지만 도쿄 주택가에 있는 단독주택이다.

집을 지을 때 조노 씨 부부는 서로 좋아하는 인테리어에 대해 생각했다고 한다. "원래 인테리어를 굉장히 좋아하고 부부가 영화 감상을 좋아해요. 특히 좋아하는 것은 웨슬리 앤더슨

감독의 작품이죠. 좀 복잡한 듯 보이지만, 멋진 영화 같은 분위기의 집을 만들고 싶었어요."

그래서 생각한 것이 2층 거실의 소파를 배경으로 한 벽면 데코레이션이다. 인터넷과 인테리어 숍에서 일 년여에 걸쳐 하나씩 사모았다.

"외국 인테리어의 디테일에 대한 동경이 있었어요. 프랑스 영화에 나오는 세로로 긴 창의 모양이나 걸레받이 등 심플하지만 분위기 있고 성숙한 아름다움이 있는 방을 좋아해요."

그렇게 말하는 나미 씨와는 반대로 남편 다케시 씨는 앤티크와 철 소재, 팩토리 스타일 같은 투박한 인테리어를 좋아한다.

밝은 창가는 식물로 장식
다케시 씨가 'TRUCK'에서 산 영국 앤티크 저울. 심플하면서 우아함을 풍기는 공간에서 낡고 투박한 아이템이 악센트 역할을 한다.

체크 담요가 악센트
소파 옆의 스툴은 어느 창고 세일에서 산 것. 작은 사이드 테이블 대용으로 읽던 책이나 잡지를 두는 곳이다. 쌀쌀할 때 덮는 담요를 걸쳐놓기도 한다.

LIVING & DINING

2층에 있는 거실은 천장고 2.75m. 옆집 나무들을 볼 수 있어 좋다. 넓은 거실의 주인공 중 하나는 영국 소파 전문점 'natural sofa'의 'Al-winton' 소파. 영화 한편을 다 봐도 피곤함이 느껴지지 않는 편안함이 마음에 든다. 흰 커튼과 펜던트 라이트는 '이케아' 제품. 부드러움과 딱딱함의 절묘한 밸런스.

설계 단계에서 생각한 것은 '베이스는 심플하고 인테리어로 멋을 내는 집'이었다. 창을 낼 수 있는 곳에 넓은 벽을 만들고 그동안 모은 앤티크 액자와 알파벳 오브제, 거울, 헌팅 트로피 등을 장식했다. "벽에 걸기 전에 바닥에 놓고 균형을 살폈어요. 중앙부터 배치하는 것이 비결이에요."

계단 층계참에도 두 사람의 취미를 자연스럽게
예전에 로만 폴란스키 감독의 VHS 영화가 들어 있던 필름 케이스. "층
계참이 허전해보여서 놓았더니 딱 좋더라고요." 코너에는 심플한 관엽
식물을 놓아두었다.

아름다운 의자 하나만 놓아도 그림이 된다
계단 밑 공간에 좋아하는 앤티크 '에콜(ERCOL)'의 어린이용 의자를. 모
양이 아름다운 의자는 벽을 캔버스 삼아 여백을 살려 배치하면 한결 돋
보인다. 단아한 분위기가 감돈다.

'쿨×페미닌' 균형을 이루며 장식
도장이 벗겨진 쿨한 표정의 스틸 캐비닛은 다케시 씨가 인터넷 쇼핑몰
에서 구입. 위에는 '펭귄 북스'의 포스터. 예쁜 색깔의 상자와 책, 양초
와 꽃을 장식해 부드러움을 더했다.

검은 철골 계단과 메가 글래스 블록으로 악센트
검은 철제 계단과 칸막이로 사용한 가로 세로 30cm의 메가 글래스 블
록이 남성적인 느낌. 오크재 바닥과 흰 벽 등의 부드러운 내장에 구조
를 드러내는 듯한 하드한 디자인과 소재감이 악센트.

DINING & KITCHEN
오픈 선반은 유리와 투명용기로 적당한 생활감

주방 벽에 있는 오픈 선반에는 글라스와 컵, 머그잔, 컵 앤드 소서(받침 접시가 있는 찻잔) 등의 평소 쓰는 식기, 조미료와 매실주 등을 넣은 저장용기, 홍차와 잼 등을 장식하는 한편 색채를 줄여 수납했다. 적당한 생활감이 전해져 따뜻한 분위기.

식물과 음식의 계절감을 느끼게 하는 디스플레이를 즐긴다
주방과 다이닝 룸 사이의 카운터 공간도 낭비하지 않고 꽃꽂이, 바나나와 사과 등의 과일, 레몬 꿀 절임과 구운 과자 등을 자연스럽게 장식. 그것만으로도 신선한 분위기 연출.

질 좋은 목재 식탁에는 제철 과일을
주방은 조리대 앞을 가리면서 다이닝 룸에 있는 사람과 대화할 수 있게 배치. 식탁은 예전부터 사용하던 '보쿠라(木蔵, 목재가구 전문점)' 제품. 의자는 앤티크 '에콜'.

"거실 같은 경우, 세로로 긴 하얀 창에 철골로 된 검은 계단처럼 두 사람의 취향을 반영한 요소를 넣어 집을 만들어갔어요."

부부는 지금도 "그건 너무 거친 느낌이야", "그건 너무 부드러워"라며 서로의 의견을 나누고 균형을 맞춰가며 인테리어를 즐기고 있다.

"어느 한 쪽의 취향에 치우치지 않고 둘의 의견을 조율해 가기 때문에 두 사람 모두에게 편안한 공간이 되었다고 생각해요."

두 사람의 취향이 절묘하게 믹스되어 적당한 편안함을 주는 인테리어. 사는 사람의 편안함이 전해지는 조노 씨 집에 올해 새 식구가 태어났다. 앞으로 어떤 취향이 섞이게 될지 점점 기대가 된다.

BEDROOM

**라이트 그레이시 그린으로
산뜻하고 차분한 공간**
3층에 있는 침실은 페인트칠한 벽이 산뜻하다. "페인트는 북유럽 스타일이 아닌 그린을 선택했어요."라는 나미 씨. 독특한 느낌의 색조에서 자기만의 고집이 엿보인다.

ENTRANCE

**소재도 외관도 이미지도
하드&소프트를 믹스**
현관에는 인터넷 옥션으로 구입한 벤치를 놓고, 좋아하는 사진가 요네다 토모코의 전시회 카탈로그를 디스플레이. 여기도 목재, 철재, 페인트, 모르타르 등을 믹스했다.

DINING ROOM

검은색의 펜던트가 공간의 악센트
다이닝 룸 부분을 보이드로 만들어 3층의 침실 실내창에서 내려다볼 수 있는 구조로. 검은 펜던트 라이트는 고베 'flame' 제품. 벽에 기대 세워놓은 큰 골드 프레임 거울에 같은 골드색 앤티크 프레임을 겹쳐 놓았다.

LIVING & DINING

부부가 나란히 앤티크를 좋아한다. 다이닝 룸
에는 도쿄 히몬야의 'JIPENQUO'에서 구입한
테이블과 'THE GLOVE'의 가죽소파, 오래된
의자 등이 있다. 'TRUCK'의 선반에 앤티크 서
랍을 조합하기도. 위쪽에 걸린 것은 피아노 속
내용물. 도쿄 다이칸야마의 '하이라이트'에서
발견한 것.

부드럽고 세밀한 터치의 일러스트가 인기. 카드나 포장지, 텍스타일 작업도 한다. 애완견 본타로와 함께.

선반 위에는 외출 아이템을 놓고 벽에는 사진과 작품을
외출 전 준비하는 공간으로 시계와 안경, 반지 등 외출 아이템을 모아두었다. 벽에 걸린 액자는 '하이라이트'에서 의자를 사면서 얻은 오래된 사진. 3개의 그림은 오모리 씨의 작품.

CASE.2

—

Antique & Natural products

Omori House

Concept: ANTIQUE & NATURAL PRODUCTS
Area: TOKYO Size: 89.5m² Layout: LDK Family: 2

—

**좋아하는 것들로
주변을 꾸미면 내 집이라는
기분이 들어 마음이 안정된다**

운치 있는 앤티크 가구와 많은 화분이 조화를 이루는 편안한 방. 무심한 듯 군데군데 장식되어 있는 아트와 수제품들.

"작정하고 꾸미기보다는 늘 보고 싶고 좋아하는 거니까 곁에 둔다는 느낌으로 꾸몄어요."라고 말하는 오모리 씨.

3층 거실 벽에 걸린 오래된 사진은 앤티크 숍에서 의자를 구입할 때 얻은 것이다. 사진에 구입한 의자와 똑같이 생긴 의자가 담겨 있었던 것. 주방 벽에는 오래된 외국 책에서 발견한 삽화 페이지를 붙이기도 하고 선반 위에 화과자 틀과 일본화 팔레트를 두기도 한다.

자연의 산물도 오모리 씨에게는 마음 끌리는 아트다.

"모양이 예쁜 돌을 오래된 나무 트레이에 놓고 보거나, 꽃꽂이한 꽃을 드라이 플라워로 만들어 병에 꽂거나 천장에 매달기도 해요. 거실을 작업실로 쓰는데 바라보며 디자인을 하고 그림을 그려요."

오래된 카드도 인테리어로
앤티크 트럼프 카드를 목기에 담고 드라이 플라워도 함께 놓았다. 자갈은 칠판 페인트로 칠하고 마 끈을 감았다.

KITCHEN

가장 쓰기 편한 곳에 자연스럽게 둔다

주방은 노출 콘크리트 바탕으로 쿨한 인상. '조리대 위의 벽에 달린
흰색 전등 틀 위에 물건을 놓았더니 편해서' 식물과 과자자 틀을 놓
기도 하고 주방 벽을 장식하기도 한다. 식기장은 '체체 어소시에'의
'인디안 키친 랙'으로 평소 사용하는 식기를 수납.

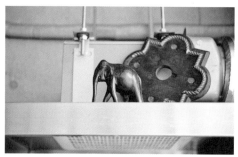

레인지후드 위의 장식으로 센스를 더해

레인지후드 위에 가만히 놓여 있는 목각 코끼리는 여행을 좋아하
는 외할아버지가 외국에서 사온 선물. 앤티크 숍에서 만난 나무 보
드는 용도가 불분명하지만 어딘가 유머러스하다.

무늬가 아름다운
대나무 소쿠리는 정해진 위치에 장식

마쓰모토 크래프트 페어에서 구입한 '고진센 공방(工人船工房)'의 대나무 소쿠리.
메밀국수나 우동을 담는 용도로 쓰기도 하고 야채의 물기를 빼는 소쿠리로도 쓴
다. 자주 애용하는 일용품을 장식하면서 수납.

'중앙에 그림을 걸어 균형 잡기
삽화가 마음에 들어 오래된 외
국 책의 페이지를 마스킹 테이
프로 붙였다. 먼저 중앙에 그림
을 배치하고 그것에 맞춰 종이
와 소품을 배치했다.

은 후 말리기 쉽고 쓰기 편한 장소에
장 작은 것은 '공방 이사도' 제품. 나머지
갓파바시 도구거리와 세타가야칸온 새
시장에서. 자주 사용하는 일용품일수록
기 편한 곳에.

'잘 보이는 곳에 어울리는 시계를'
'PACIFIC FURNITURE SERVICE'에서
구입한 'SEIKO' 콜라보 시계. "인테리어
전체의 균형을 생각해 여기에 놓았어요."

사이드 테이블에는
신혼여행의 추억을
신혼여행 갔던 프랑스에서 사
온 앤티크 후크. "아직 쓸 기
회는 없지만 언젠가 쓰려고
소중히 간직하고 있어요."라
는 오모리 씨.

BEDROOM

앤티크 촛대는 모자 걸이로
패션 아이템으로 자주 착용하는 모자를 침실 거
울 가까이에 두었다. 'JIPENQUO'에서 산 촛대
가 적당한 높이여서 모자걸이로 쓰고 있어요."

계절별로 자주 입는 옷만
'JIPENQUO'에서 산 행거는 침실에 두고 계절별
로 애용하는 옷을 골라 걸어두었다. 그 시기에
맞는 가방도 엄선.

앤티크 의자를 멋진 화분 받침대로
'JIPENQUO'에서 샀지만 앉을 기회가 적었던 앤티크 의자를 화분 받침대로 사용. 침실을 기분 좋
은 곳으로 만들고 싶어서 늘 식물을 둔다고 한다.

LAVATORY

세탁기도 철제 바구니도 흰색, 직선 라인

욕조 맞은편에는 세면대와 세탁기가 있다. 세면대 주위도 욕실
과 같은 흰색으로 통일. 심플하고 아담한 사이즈가 맘에 들었다
는 세탁기, 흰 철제 바구니는 '무인양품'. 심플하고 직선적인 실루
엣이 맘에 든다.

BATHROOM

콘크리트에 어울리는 욕조와 각종 용기는 흰색으로 통일

콘크리트 노출벽이 돋보이는 1층 욕실은 욕조만 놓은 심플한 공간.
"욕실은 청결을 중시하고 싶어서 흰색으로 통일했어요."라는 오모
리 씨. 샴푸와 컨디셔너 등의 용기는 '무인양품'.

'톰과 제리'를 좋아해서 콘크리트 벽을 파고 직접 나무문
을 달았다. 작은 손잡이는 단추. 금방이라도 제리가 문을
열고 나올 것 같다.

2층 침실은 오래된 가구와 소품으로 채워진 안정된 분위
기로, 1층 욕실은 욕조부터 샴푸까지 심플한 디자인으로
통일해 깔끔한 이미지다.

여행지에서 발견한 앤티크 후크 여러 개를 진열해놓은
사이드 보드나 덩그러니 놓인 욕조 같은 디테일은 그 자체
가 아트는 아니지만 어딘가 아티스틱하다.

"좀 어수선한 건 애교로 생각하고요, 화병의 물을 갈아주
거나 환기를 시키면서 방에 바람이 통하도록 신경 쓰고 있
어요. 모두가 쾌적하고 편히 쉴 수 있도록 말이죠."

DINING & KITCHEN

위 : 오픈형 아일랜드 키친에 낮은 반투명 유리벽을 설치해 자연스럽게 가려지도록 했다. 오른쪽 구석에 장을 짜 냉장고를 넣고 가렸다. 아래 : 'PACIFIC FURNITURE SERVICE'의 식탁에 네덜란드 앤티크 체어를 맞췄다.

CASE.3

—

Daily tools

Nakano House

Concept: DAILY TOOLS Area: AICHI
Size: 113.3m² Layout: 3LDK Family: 4

—

좋아하는 것은 장식품으로
나머지는 감추는 수납으로 깔끔하게
가족 모두 편하게 사용할 수 있도록
가까운 곳에 나누어 수납한다.

파란 바구니 가방에는
도서관 책과 리모컨
소파 옆의 바구니 가방에는 도서
관 책과 리모컨을 수납. 더 이상
찾아 헤매지 않는다.

주방이 보이지 않도록
불투명 유리벽을 세웠다
"주방이 조금 어질러져도 깔끔해
보여서 좋아요."라는 나카노 씨.

KITCHEN

장식하면서 사용하는 오픈 선반
좋아하는 것만 보이도록
조리대 위의 오픈 선반. '브라운즈
(Browns)'의 티 포트와 '푸조(Peu-
geot)'의 커피 밀, 'turk'의 프라이팬
등 기능적이고 예쁜 아이템을 골라
디스플레이하면서 수납. 조미료는
유리병에 담아 조리대에.

근채류는 나무 쟁반에
쌀은 흰 법랑 용기에
싱크대 밑에 나무 쟁반을 두고 상온
야채를. 시판 쌀통이 맘에 들지 않아
법랑 용기에 쌀을 보관하고 있다.

LIVING ROOM

소파 뒤에 큰 수납장
소파도 테이블도 갈색으로
가족 소파가 갖고 싶어서 프랑스 앤티
크를 구입. 'PACIFIC FURNITURE SER-
VICE'의 테이블과 컬러 톤을 매치해 방
전체와 자연스럽게 어울린다.

KID'S ROOM

아이 방의 가구는
오래 사용할 수 있는 앤티크로

왼쪽 : 출산 전부터 사용하던 앤티크 왜건은 오픈형이라
아이가 스스로 수납하기에도 안성맞춤. 지금은 인형을
진열해놓았다. 오른쪽 : 큰 딸이 태어났을 때 아기 옷과
장난감을 정리하기 위해 구입한 앤티크 서랍장.

'수납도 청소도 고역'이라는 나카노 씨가 2년 전 집을 지을 때 가장 먼저 꺼낸 희망사항은 '넉넉한 수납공간'이었다. "아이가 있으면 대부분의 시간을 거실에서 보내게 돼요. 그래서 많은 물건을 정리할 수 있도록 커다란 수납장을 만들었어요."

식재료와 가전제품, 장난감 등 잡다한 느낌을 주기 십상인 생활필수품은 모아서 안으로 숨겨 수납하고, 예쁜 차 도구와 앤티크 커피 밀 같은 애용품은 엄선해서 오픈 선반에 놓아 장식도 겸하고 있다. 그 결과 좋아하는 물건들이 빛을 발하는 깔끔한 집이 완성되었다.

나카노 씨 집에 차분한 인상과 운치를 더해주는 것은 결혼 전부터 애용하던 앤티크 가구다. 지금도 수납 아이템으로 활용하고 있다.

"오래 사랑할 수 있는 가구를 좋아해요. 손때 묻은 가구의 장점을 아이들에게도 알려주고 싶어요."

사용 시기가 한정적인 전용 장난감 수납장이나 학습용 책상을 아직 아이들에게 사 주지 않았다.

"아이들 책상은 2개 다 신혼 때 식탁과 작업 책상으로 쓰던 것이죠. 가구도 수납장도 한정된 용도로만 쓰지 않고, 언젠가 다른 용도로도 쓸 수 있는 것을 골라요."

**아이들 장난감도
꺼내기 쉽도록 뱅커스 박스
(BANKERS BOX)에**
장난감, 학습도구 등 아이들 물건을 수납하고 있고 빈 상자도 몇 개 보관 중. 학기말에 가지고 온 미술도구와 글쓰기 관련 용품 등을 일시 보관 중.

**식재료는 뱅커스
박스에 보관.
선반 밑에 뚜껑을 덮어서**
수납고의 오른쪽 칸에는 주방살림을 수납. 스파게티나 건어물, 카레 루 등의 식재료를 미국 '뱅커스 박스'에 넣고 뚜껑을 닫아 소파 뒤의 맨 아래 칸에.

**오른쪽에는 주방살림을
왼쪽에는 아이들 물건을**
주방과 가까운 오른쪽 선반에는 그릇과 식재료 등을 놓고 왼쪽 선반에는 아이들도 찾기 쉽게 박스에 아이 물건을 수납.

**꺼내기 쉬운 중간 칸은 일상용품
윗칸에는 컵 앤드 소서를**
아이들도 꺼내기 쉬운 중간 선반에는 자주 쓰는 그릇을 놓고 위칸에는 티타임 때 애용하는 컵 앤드 소서를 놓았다.

**티타임을 즐길 때는
바구니째 들고 주방으로**
티타임을 여유롭게 보내기 위해 자주 마시는 찻잎은 바구니에 담아 꺼내기 쉽게 세팅했다. 바구니째 주방으로 들고 간다.

**가족 상비약은 바구니에 담아
선반 아래 칸에**
주먹밥 몇 개 들어갈 정도의 도시락 통이 상비약 통으로 안성맞춤. 바구니류는 밑에서 3번째 칸 선반에 정리해 놓고 빼기 쉽게.

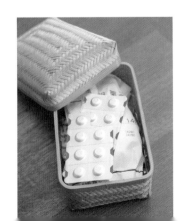

개가 자유롭게 출입할 수 있도록 현관에 넓은 봉당을 만들고, 'G-PLAN'의 캐비닛 위쪽 벽에는 유공 보드를 달아 남편이 DIY 할 때 애용하는 접사다리와 공구 등 도구류를 진열. 수납 부품들은 '아마존 USA'에서 구입한 crawford사 제품.

**모양이 예쁜 것은
장식을 겸한 수납으로 편리하게**
왼쪽 위 : 천장에 매다는 리프트 타입의 바이크랙으로 로드 바이크를 디스플레이. 자리를 차지하지 않고 봉당이 넓어져 애견들도 좋아한다. 오른쪽 위 : 가족의 키에 맞춰 위에서 3번째 칸까지가 나카노 씨 부부, 그 아래가 큰딸, 그 아래가 둘째딸의 신발장이다. 왼쪽 아래 : 봉당 구석의 벽에 클립으로 잡는 그립 후크를 설치. "남편이 벽에 앵커를 박고 나사를 돌려 crawford의 후크를 달았어요." 빗자루와 삽 등 보관할 곳이 마땅치 않았던 긴 청소도구를 정리해 수납할 수 있어서 깔끔하다.

**손때 묻은 느낌의 로커는 신발장
목재 캐비닛에는 청소 & 애견용품을**
현관 봉당에 나고야의 '앤티크 마켓 후키아게'에서 구입한 로커를 놓고 가족 신발장으로 애용. 드라이 플라워로 장식해 부드러운 분위기를 연출했다.

CHAPTER

9

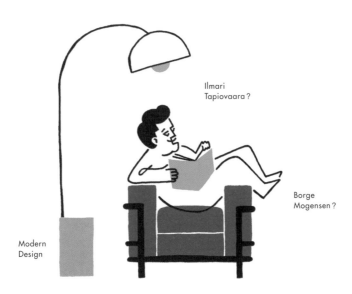

INTERIOR WORD

인기 디자이너의 명품가구와 앤티크 가구부터
집의 구조와 재질·내장재, 조명에 이르기까지
필수 인테리어 용어를 정리했다

File.01 모던 디자인

Bauhaus
바우하우스

1919년 독일 바이마르에 개교한 조형예술학교. 독일의 공업력을 배경으로 생산형식과 생활양식에 적응하는 예술을 추구해 디자인의 간략화와 양산이라는 새로운 개념이 탄생했다. 나치에 의해 1933년 폐교되지만 그 후에도 큰 영향을 미쳤다.

Le Corbusier
르 코르뷔지에
[1887~1965년 / 스위스]

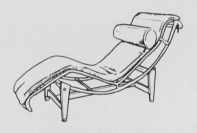 

LC4 Chaise Longue
셰이즈 롱(1928년)

세계적으로 최고의 지명도를 자랑하는 명작 체어. 르 코르뷔지에 아틀리에가 진행했던 빌라 처치(Villa Church)의 가구로, 조수였던 샤를로트 페리앙이 디자인한 것이다. 본인도 '휴양을 위한 기계'라고 불렀으며 20세기를 대표하는 보편적인 의자 중 하나다.

LC2 Grand Comfort
그랑 콩포르(1928년)

근대 건축의 3대 거장 중 한 명. 가구를 '일련의 건축'으로 간주하고 많은 명작을 만들었다. '커다란 만족'이라고 이름 붙인 이 작품은 스틸 파이프 프레임에 5개의 쿠션을 넣은 구조. 2016년 우에노 '국립서양미술관'이 세계유산으로 정함.

Mies van der Rohe
미스 반 데어 로에
[1886~1969년 / 독일]

Barcelona Chair
바르셀로나 체어(1929년)

1929년 개최한 바르셀로나 엑스포의 독일관을 설계할 때 스페인 국왕을 위해 디자인. 모던하고 고급스러움이 넘치면서도 공간과 조화를 이루는 모던 디자인의 걸작. 'Less is more'라는 명언으로도 유명하다.

Marcel Breuer
마르셀 브로이어
[1902~1981년 / 헝가리]

Cesca Arm Chair
체스카 암체어(1929년) (1929年)

공중에 떠 있는 듯한 형태를 실현한 캔틸레버 구조로, 등받이와 좌면은 목재 틀에 등나무를 걸쳐 만든 심플한 의자. '세계에서 가장 많이 모방된 의자'로 불릴 정도로 카피 제품이 많다. 후에 브로이어의 양녀 애칭인 '체스카'로 불리게 된다.

Wassily Chair
바실리 체어(1925년)

당시 최첨단 기술이었던 아들러 사의 자전거 핸들에서 영감을 받아 탄생된 디자인으로, 스틸 파이프의 가공성과 가죽의 장력을 이용해 만든 세계 최초의 의자. 바우하우스의 교수였던 바실리 칸딘스키를 위해 디자인한 작품이기도 하다.

Mart Stam
마르트 슈탐
[1899~1986년 / 네덜란드]

Cantilever Chair
캔틸레버 체어(1933년)

세계 최초로 캔틸레버 구조의 의자를 창안했다. 캔틸레버는 '외팔보'라는 뜻으로 한쪽만으로 전체를 떠받치는 구조다. 공기 위에 앉아 있는 느낌을 디자인화한 것으로, 하나의 스틸 프레임을 구부려 완성한 참신한 형태가 주목을 받았다.

Mid-Century

미드 센츄리

1940~1960년대 중반의 모던 디자인 양식으로, 인테리어의 황금기. 세계 각지에서 걸작이 탄생했다. 2차 세계대전 후 사람들의 눈은 생활용품으로 향했고, 신소재인 플라스틱과 우레탄의 출현과 새로운 목재 가공기술이 의자 개발에 박차를 가했다.

Carl Malmsten

카를 말름스텐
[1888~1972년 / 스웨덴]

Lilla Åland
릴라 올란드 (1942년)

'스웨덴 가구의 아버지'로 불리는 디자이너의 대표작. 핀란드 올란드 제도의 교회를 방문했을 때 영감을 받아 붙여진 이름이다. 각진 모서리를 모두 없앤 심플하고 따뜻한 디자인이 세계적으로 사랑받고 있다.

Alvar Aalto

알바 알토
[1898~1976년 / 핀란드]

Stool E60
스툴 (1933년)

알토가 발표한 최고의 스툴. 핀란드의 자작나무 성형 합판으로, 비프리 시립도서관을 위해 만들었다. 목재를 L자 모양으로 구부린 '알토 레그'는 특허까지 취득. 심플하고 가벼우며 여러 개를 포개어 쌓을 수 있어 실용성도 뛰어난 작품.

Finn Juhl

핀 율
[1912~1986년 / 덴마크]

No.45 Easy Chair
이지 체어(1945년)

'세계에서 가장 아름다운 팔걸이 의자' 또는 '조각 작품'이라고 평가받는 핀 율의 대표작. 좌면이 프레임에서 떠 있는 것처럼 보이는 세계 최초 디자인. 아름다운 커브와 편안함을 추구한 곡선미, 아름다운 뒤태 등이 높게 재평가된 의자.

Ilmari Tapiovaara

일마리 타피오바라
[1914~1999년 / 핀란드]

Domus Chair
도무스 체어(1947년)

나무의 따뜻함을 살린 독창적이고 섬세한 디자인으로 많은 팬을 가진 디자이너의 대표작. 헬싱키의 학생 기숙사를 위해 디자인되었고 핀란드의 공공시설에서도 많이 사용됐다. 나무의 아름다운 곡선이 몸에 착 붙고, 어딘가 정겨운 디자인도 매력이다.

Pirkka Chair
피르카 체어 (1955년)

나뭇결과 옹이가 멋있는 파인재를 사용한 좌면과 스타일리시한 다리의 콘트라스트가 인기 있는 명품 체어. 다리와 좌면이 접하는 부분에 삼각을 구성함으로써 강도를 높였다. 어느 각도에서 봐도 아름답고 놓아두기만 해도 그림이 된다. 시리즈로 테이블과 벤치도 있다.

Ib Kofod-Larsen

이브 코포드 라센
[1921~2003년 / 덴마크]

IL01 Easy Chair
이지 체어(1956년)

우아한 곡선을 그리는 팔걸이의 형상과 아담하지만 몸에 딱 맞는 시트 등 깊이 고민한 구조와 디테일, 군더더기 없는 디자인은 그의 철학 그 자체다. 엘리자베스 여왕이 구입하여 '엘리자베스 체어'라고도 불리는 인기 체어.

Kaare Klint

카레 클린트

1888년생. 덴마크 왕립예술아카데미 디자인 부를 개설하는데 힘썼고 1924년부터 주임 교수로 근무했다. 과거의 역사와 양식을 재구축하는 '리디자인'의 개념을 확산시켜 아르네 야콥센과 보르게 모겐센에 지대한 영향을 끼쳤다.

Arne Jacobsen

아르네 야콥센
[1902-1971년/덴마크]

Grand Prix Chair
그랑프리 체어(1952년)

1957년 밀라노 트리엔날레에 출품해 그랑프리를 수상하면서 이름 붙여졌다. 신체 라인에 맞춰 배면(등받이 쪽)과 좌면의 곡선이 더욱 섬세하게 진화했고 Y자 형태의 등받이는 굉장히 인상적인 모습이다. 2008년 프리츠 한센 사를 통해 복각되었다.

Series 7 Chair
세븐 체어(1955년)

7장의 얇은 판재과 2장의 마감 판재를 층층이 쌓아 만든 좌면과 후면의 성형 합판은 앉았을 때 몸의 라인에 꼭 맞는 곡선. 좌우로 넓어진 등받이는 감싸는 듯한 안정감을 준다. 미드 센추리를 대표하는 명작으로 베스트셀러 아이템.

Ant Chair
앤트 체어(1952년)

노보놀디스크 제약회사의 사원 식당을 위해 디자인되었으며, 등받이에서 좌면까지 일체화된 세계 최초의 성형 합판 의자. 배면이 개미와 같은 모습을 하고 있어 'ant'라고 이름 지었다. 야콥센은 아름다운 3개의 다리를 고집했지만 사후에는 4개짜리 다리도 출시됐다.

Arne Jacobsen

아르네 야콥센
[1902-1971년/덴마크]

Drop Chair
드롭 체어(1958년)

1960년 덴마크 코펜하겐에서 탄생한 '래디슨 SAS 로열호텔'은 건물에서 가구, 식기에 이르기까지 야콥센이 디자인한 '세계 최초의 디자인 호텔'이다. 당시 이 호텔을 위해 200개만 제작되었으나 2014년부터 일반에게 판매되고 있다.

Egg Chair
에그 체어(1958년)

SAS 로열호텔의 로비와 라운지를 위해 디자인되어 현재도 손님을 맞고 있다. 당시 획기적인 발포 우레탄을 사용해 몸을 부드럽게 감싸는 안정감 있는 편안함을 실현했다. 이름처럼 달걀껍질 같은 곡선의 형태가 예술적이기까지 하다.

Swan Chair
스완 체어(1958년)

에그 체어와 마찬가지로 SAS 로열호텔의 로비와 라운지에서 지금도 애용되고 있다. 여유롭고 우아하게 날개를 펼친 백조를 연상시키는 디자인은 압도적인 존재감으로 의자의 상식을 뒤집었다. 소파도 호텔에서 사용되고 있다.

Morgensen × Wegner

같은 해 태어난 2대 거장

덴마크 태생의 모겐센과 독일 태생의 웨그너는 1936~38년 코펜하겐 예술공예학교 가구과에서 만났다. 섬세하고 예술적인 가구를 만드는 웨그너와 꾸밈없고 튼튼하면서 적정한 가격을 추구한 모겐센. 두 사람은 좋은 라이벌이자 친한 친구였다.

Børge Mogensen

보르게 모겐센
[1914~1972년 / 덴마크]

J39 Dinig Chair
다이닝 체어(1947년)

'스페니시 체어'(1959년)에 견줄만한 대표작. '일반 시민을 위해 싸고 질 높은 의자를 만들고 싶다'라는 덴마크 협동조합연합회(FDB)의 요청으로 5년의 시간을 들여 제작한 명품. 좌면의 페이퍼 코드(종이끈)는 장인의 손기술.

1222 Dining Chair
다이닝 체어(1952년)

등받이와 좌면에 사용된 플라이우드의 부드러운 곡선과 전체적으로 둥그스름한 형태가 포근하고 사랑스러운 인상을 준다. 심플한 디자인이지만 티크와 오크의 질감 대비가 아름답고 실용성도 뛰어난 작품.

Fredericia 2321 Sofa
프레데리샤 2321 소파 (1972년)

장식을 배제한 심플하고 단정한 형태로, 절제된 품위가 감도는 모겐센의 디자인 철학을 그대로 보여주는 소파. 가죽과 티크재를 조합해 시간이 지나면 더욱 멋이 깊어지는 가죽의 매력을 마음껏 즐길 수 있다. 같은 시리즈의 3인용 소파도 인기.

Hans J. Wegner

한스 J 웨그너
[1914~2007년 / 덴마크]

The Chair
더 체어(1949년)

아르네 야콥센의 건축사무소를 거쳐 디자이너가 되었고 평생 500개 이상의 작품을 만든 웨그너의 최고 걸작. 팔꿈치에서 등으로 이어지는 가로대의 라인이 아름답다. 1960년 미국 대통령 선거 토론회에서 케네디가 앉으면서 세계적으로 사랑받는 의자가 되었다.

Y Chair
와이 체어(1950년)

중국 명나라 시대의 나무 의자에서 영감을 받아 디자인되었으며, 웨그너의 작품 중에서 가장 많이 팔린 명품. 부드러운 곡선과 등받이가 만들어내는 아름다운 라인, 페이퍼 코드의 뛰어난 편안함. 오래 쓸수록 투명한 황갈색이 되는 너도밤나무(beech) 등 모든 것이 매력적.

CH30 Dining Chair
다이닝 체어(1952년)

Carl Hansen&Son 사가 제조했다. 심플하고 세련된 디자인 속에 친근함이 느껴지는 의자. 등받이의 십자 조인트까지 악센트로. 좌면의 폭이 넓고 등받이가 편해 두루두루 계산된 실용적 매력이 가득하다.

Herman Miller

허먼 밀러 사

1905년에 전신인 스타 퍼니처가 창업하였고 1923년에 사장 D · J · 데브리가 장인의
이름을 따 허먼 밀러 퍼니처로 이름을 바꾸었다. 임즈의 플라이우드 제품 전매권을 얻은
1947년 이후로 전 세계의 뛰어난 디자이너들과 명품을 만들고 있다.

George Nelson

조지 넬슨

[1908~1986년 / 미국]

Charles & Ray Eames

찰스 & 레이 임즈

[찰스:1907~1978년/미국]
[레이:1912~1988년/미국]

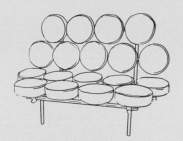

Mashmallow Sofa
마시멜로 소파 (1956년)

18개의 쿠션을 배열해 팝아트를 방불케 하는
작품. 넬슨은 1946년부터 20년간 허먼 밀러
사의 디자인 디렉터를 맡았고 무명이던 찰스
임즈와 에로 사리넨을 기용해 세계적인 가구
업체로 성장시켰다.

Plywood Dinig Chair
플라이우드 다이닝 체어(1945년)

1945년 성형 합판의 삼차원 곡면 실용화에 성
공해 고품질로 대량 생산을 가능하게 했던 획
기적인 의자. 이후 현재까지 생산을 계속하는
명품. 미국「타임」지에서 '20세기 최고의 디자
인'으로 선정되면서 MoMA(뉴욕근대미술관)
의 영구 컬렉션이 되었다.

Shell Arm Chair
쉘 암체어 (1950년)

신소재 화이버 글라스를 사용해 '작은 아파
트에서도 쓸 수 있는 튼튼하고 값싼 의자'로
제작. 감싸는 듯한 편안함도 매력. 다리의 디
자인을 다양하게 변형하기도 했다. 폴리프로
필렌 외에도 2014년에는 새로운 화이버 글라
스 제품이 부활.

Eero Saarinen

에로 사리넨

[1910~1961년 / 미국]

Charles & Ray Eames

찰스 & 레이 임즈

Tulip Chair
튤립 체어(1956년)

핀란드에서 태어나 13세 때 미국으로 건너감.
미술대학에서 찰스&레이 임즈를 만났고 이
후 친분을 돈독히 했다. 바닥에서 이어지는
하나의 다리는 세계 최초의 디자인으로, 이
전까지 의자의 개념을 뒤엎은 것이었다. 뉴욕
케네디 공항 TWA 터미널도 설계.

Shell Side Chair
쉘 사이드 체어(1953년)

쉘 체어는 '쾌적함'과 '다양성'을 의식해 제
작되었는데, 이 목재 다리(다월 레그, Dowel
Leg) 타입은 플로어링과 목재 가구의 궁합이
좋아 최근 인기 있는 아이템. 2010년부터 허
먼 밀러 사로 판매가 바뀌면서 목재 부분은
내추럴 컬러로 바뀌었다.

Lounge Chair & Ottoman
라운지 체어 앤 오토만(1956년)

모던 디자인의 상징이라고도 불리는 작품. 친
구인 영화감독 빌리 와일더에게 자택용 의자
를 의뢰받아 만들었다. 몸에 착 달라붙는 디
자인, 널찍한 가죽이 감싸는 느낌은 최고 그
자체. 허먼 밀러 사가 지금도 만들고 있다.

Italian Modern

이탈리안 모던

실용성이 뛰어날 뿐 아니라 세련된 스타일을 가지고 있으며, 군더더기 없는 기능적인 형태와 디자인 이념을 가지고 있다는 점이 '이탈리아 모던'의 특징이다.

Mario Bellini
마리오 벨리니
[1935~ / 이탈리아]

Cab Arm Chair
캡 암 체어(1977년)

이탈리아 건축 · 디자인계의 중진인 벨리니의 대표작. 금속 프레임에 최고급 무두질한 가죽을 씌운 획기적인 발상으로 구성. 몸에 딱 맞고 앉았을 때 편안한 완성도 높은 제품.

Vico Magistretti
비코 마지스트레티
[1920~ 2006년 / 이탈리아]

Maui Chair
마우이 체어(1996년)

심플하면서 우아한 곡선, 다양한 컬러 변환, 강도와 내구성까지 뛰어나 사무실이나 카페 등의 의자로 인기. 카르텔 사 최고의 베스트셀러.

Gio Ponti
지오 폰티
[1891~ 1979년 / 이탈리아]

Superleggera
슈퍼 레게라 (1957년)

'이탈리아 모던 디자인의 아버지'로 불리며 건축 · 디자인 관련 최초 전문지인『도무스』창립자. 이 의자는 1.7kg의 초경량으로 의자의 기능과 아름다움을 극한까지 추구한 롱셀러.

Japanese Modern

재패니스 모던

샤를로트 페리앙, 찰스 임즈 등 해외 디자이너와 교류하면서 의자 지식을 높이고 일본의 소재와 기술, 문화를 살린 일본 특유의 명작을 만들어냈다.

長 大作
초 다이사쿠
[1921~2014년 / 일본]

저좌 의자(低座倚子) **(1960년)**

다리를 쭉 뻗고 앉을 수 있는 낮은 의자. 하치다이메 마쓰모토 코시로 주택을 건물 설계부터 가구까지 맡았을 때 "다다미방에서도 편하게 앉을 수 있는 의자가 있으면 좋겠다."는 말을 듣고 만든 것.

柳 宗理
야나기 소우리
[1915~2011년 / 일본]

버터플라이 스툴(1954년)

걸작 가구로 MoMA의 영구 컬렉션에도 선정. 2장의 성형 합판을 조합한 구조는 나비가 나는 것 같다. 야나기 소우리는 세계대전 후 일본의 공업 디자인계 최고의 공로자.

渡辺 力
와타나베 리키
[1912~2013년 / 일본]

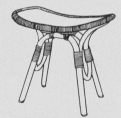

도리이 스툴(1956년)

탄력 있고 부드러운 등가구를 재평가하는 계기가 된 기념비적인 작품. 1957년 제 11회 밀라노 트리엔날레에서 금상을 수상했다. 발매 이후 50년 가까이 롱 셀러.

File.02 앤티크

아르 데코
1920~30년경에 유행한 디자인 양식. 유선형과 기하학적인 모티프가 특징이며 기능미를 강조한다. 아르 누보를 단순화하는 활동에서 시작되었으며 그 후 모던 디자인의 토대가 된 심플한 스타일.

아르 누보
19세기 말~20세기 초에 유럽과 미국에서 유행한 디자인 양식. 심플하고 물결치는 듯한 곡선과 식물을 모티프로 한 디자인이 특징.

앤티크
골동품과 고미술품. 대부분 제2차 세계대전 이전에 제작된 것을 말하지만 수입관세법상으로는 제작 후 100년이 지난 것으로 정의하고 있다.

빈티지
제작한 지 100년 미만의 것으로, 오랜 세월 손때가 묻어 더 멋있고 희소가치가 있는 아이템.

컬렉터블즈(Collectibles)
수집품. 100년이 지난 앤티크는 아니지만 정크나 중고(고물)라고 부르기엔 아까운 것을 미국에서는 컬렉터블즈라고 부른다.

정크(Junk)
중고품, 잡동사니. 오랫동안 사용한 가구와 도구, 그릇 등을 가리킨다. 또한 본래의 기능을 상실한 부품과 중고품을 조합해서 만든 아이템, 규격에서 벗어난 인테리어를 말한다.

브로캉트(Brocante)
프랑스어로 고물. 주로 유럽의 골동품을 가리키는 경우가 많다.

리프로덕션
판권이 끝난 제품을 다른 제조업체가 복원한 제품. 영국에서는 재료부터 구조, 세부 디자인까지 충실히 복원된 가구를 가리키지만, 일본에서는 클래식풍으로 가격을 낮춰 복원된 가구가 많다. '제네릭', '복제품(replica)'이라고도 한다.

16세기 이후 영국의 역사와 양식의 변천

	영국의 통치자	스타일 구분	양식	자주 사용된 재질	다른 구미 제국
16세기	헨리 8세 (1509–1547)	튜더 스타일	고딕	오크	르네상스 양식 (이탈리아)
	에드워드 6세 (1547–1553)				르네상스 양식 (프랑스)
	메리 1세 (1553–1558)				
	엘리자베스 1세 (1558–1603)	엘리자베션			바로크 양식 (이탈리아)
17세기	제임스 1세 (1603–1625)	자코비언	르네상스	월넛	바로크 양식 (프랑스)
	찰스 1세 (1625–1649)				
	공화제	크롬웰풍			
	찰스 2세 (1660–1685)	왕정 복고	바로크		
	제임스 2세 (1685–1688)				
	윌리엄 3세& 메리 2세 (1689–1702)	윌리엄&메리			로코코 양식 (프랑스)
18세기	앤 (1702–1714)	퀸 앤			콜로니얼 양식 (미국)
	조지 1세 (1714–1727)	얼리 조지안	로코코	마호가니	
	조지 2세 (1727–1760)				
	조지 3세 (1760–1820)	조지언	네오 클래식 절충식 등		엠파이어 양식 (프랑스)
19세기	섭정 정치	리젠시			비더마이어 양식(독일)
	조지 4세 (1820–1830)				
	윌리엄 4세 (1830–1837)				셰이커 양식 (미국)
	빅토리아 (1837–1901)	빅토리안	아트& 크래프트		아르누보 양식 (프랑스)
20세기	에드워드 7세 (1901–1910)	에드워디언	모던		

18 & 19th Interior Style

지금도 주목받고 있는 인테리어 양식

유럽 가구의 '클래식 스타일'은 대부분 17세기 후반의 프랑스 로코코 양식 이후의 것이다. 지금도 주목할 만한 유럽의 인테리어 양식을 소개한다.

Biedermeier
비더마이어 스타일
[19세기 전반~ / 독일]

19세기 전반 독일과 오스트리아에서 널리 퍼진 가구 양식. 반 귀족적 스타일로, 우아한 곡선은 남기고 호화찬란함과 과다한 장식을 배제했으며 소재가 가진 장점을 살렸다. 심플, 좋은 품질, 실용미를 정책적으로 추구했다.

Sheraton
쉐라톤 스타일
[18세기 후반~ / 영국]

18세기 후반부터 19세기 전반까지 영국의 가구 작가 토머스 쉐라톤으로 대표되는 가구 양식. 수직선을 도입한 경쾌한 형태에 장식 모티프로 장미, 항아리, 꽃장식이 많고 다리는 선이 가늘다.

Chippendale
치펜데일 스타일
[18세기 중반~ / 영국]

영국의 가구 작가 토머스 치펜데일이 만든 18세기 중반의 가구 양식. 프랑스 귀족의 로코코풍과 중국 양식의 영향을 받아 화려함과 기품, 실용성을 갖춘 디자인이 특징.

Popular Antique

지금도 인기 높은 앤티크

북유럽을 비롯한 모던 디자인 가구 디자이너와 대중적 가구업체에 영향을 끼쳤으며 현재까지도 인기가 높은 앤티크 가구이다.

Lloyd Loom Chair
로이드 룸 체어
[1917년~ / 미국]

라탄(등나무)을 대신하는 가구로 1917년에 마셜 번즈 로이드가 특수한 크래프트(종이)를 와이어에 감아 짠 우아한 가구를 개발. 1922년 영국에서 제조 판매되어 순식간에 전 세계로 퍼졌다.

Shaker Chair
세이커 체어
[18세기 후반~ /미국]

영국 셰이커 교도들은 박해를 받아 18세기에 미국 동북부로 이주한다. 거기서 생활을 위해 만든 검소한 의자. 등받이가 사다리 모양이며 좌면에 바둑판 모양의 부드러운 면 테이프를 두른 것이 특징.

Windsor Chair
윈저 체어
[17세기 후반~ / 영국]

17세기 후반, 농민이 스스로 사용하기 위해 나무를 베어 만든 의자가 그 시작이다. 왕후나 귀족이 좋아하는 장식이 없으며, 튼튼하고 군더더기 없는 디자인으로, 이름 없는 사람들에 의해 오랫동안 개량되어 왔다. 등에 있는 몇 줄의 바퀴살이 특징.

Public Antique

공공시설에서 사용된 인기 앤티크

학교와 교회, 카페와 레스토랑 등에서 쓰던 의자는 디자인도 구조도 심플하고 튼튼하게
만들어져 실용적인 기능미가 인기. 일반 주택에서 애용하는 사람이 많다.

Thonet Chair
토넷 체어

1842년에 특허 받은 '곡목(bentwood)' 기술로
만든 의자. 산림 근처에 공장을 만들고 제조
를 분업해 대량 생산했다. 특히 1859년에 발
매한 'NO.14'는 엄청난 베스트셀러가 되어 지
금도 생산되고 있다.

Church Chair
처치 체어

19세기경부터 교회에서 많이 사용해 붙여진
이름. 배면에 십자가가 들어간 디자인과 성
경 박스가 있는 타입이 인기. 밑에 달린 2개
의 스트랩(살)은 뒷사람이 짐을 놓는 받침대
로 쓰였다고 한다.

School Chair
스쿨 체어

학교에서 학생이 앉기 위해 만들어진 의자의
속칭으로, 최근 앤티크 가구로 인기가 높다.
시대와 나라에 따라 디자인이 다양하지만 심
플한 디자인과 튼튼한 구조, 여러 개를 포개
어 쌓을 수 있는 것이 많다.

ercol
에콜 사

1920년 가구 디자이너 루시안 에콜라니가 윈저 가구의 중심지 하이위컴(High Wycombe)
에 설립한 목재 가구회사. 가볍고 튼튼하며 섬세하고 아름다운 디자인이 인기의 비결.

Windsor Kitchen Chair
윈저 키친 체어

'스틱 백 체어'라고도 불리는 롱셀러 가구. 등
받이의 스틱이 좌면 아래의 베이스에 고정
되어 있어 뒷모습까지 아름다운 디자인. 작
고 가볍고 튼튼하고 아름다운 의자는 다이
닝 룸에 최적.

Stacking Chair
스태킹 체어

1957년 겹쳐 쌓을 수 있는 기능을 단순한 디
자인성 속에서 추구해 개발된 명작. 후에 영
국에서 다양한 크기의 스쿨 체어로 생산해 보
급하면서 에콜 체어의 대명사가 되었다.

Windsor Quaker Chair
윈저 퀘이커 체어

하나의 목재를 아치 형태로 부드럽게 굽힌
'보우 백(활 모양의 등받이)'의 라인이 가장
큰 특징. 등받이가 높고 편안하게 앉을 수 있
어 식탁 의자로 인기. 다른 가구와 잘 어울리
는 것도 큰 매력.

File.03 가구 용어

암 체어
팔걸이가 달린 의자.

암리스 체어
팔걸이가 없는 의자.

이지 체어
등받이가 경사지고 팔걸이가 있는 휴식용 의자. 보통 의자에 비해 좌면이 낮고 좌석의 축과 팔걸이의 폭이 넓으며 배면의 경사가 큰 것이 특징. 쿠션감이 좋다. 안락의자.

윙 체어
날개 달린 의자. 하이 백 체어 중에서도 등받이 상부의 양쪽이 날개처럼 앞으로 튀어나온 휴식용 의자.

익스텐션 테이블
상판의 사이즈를 조절할 수 있는 확장형 테이블. 버터플라이와 드로우리프 테이블(draw-leaf table) 등 구조에 따라 명칭이 다르다.

오토만
발을 얹기 위한 스툴. 전체 표면에 천을 씌운 것으로 소파나 이지 체어 앞에 놓고 쓴다. 또는 두툼하게 충전물을 넣은 긴 의자.

카우치
한쪽 또는 양쪽에 낮은 등받이와 팔걸이가 있는 휴식용 소파.

식기장(cupboard)
식기를 수납하는 찬장. 칸막이 역할을 겸하는 양면 사용 타입을 '해치(hatch)'라고 한다.

캐비닛
식기 선반과 장식장, 옷장, 소형 정리 상자, 보관고 등 수납 가구.

클로젯
주로 의류를 수납하는 공간. 일반적으로 벽장보다 안길이가 짧다.

컬렉션 테이블
테이블 상판에 유리가 끼워져 있어 수납 물건을 디스플레이할 수 있는 테이블.

콘솔
벽면에 붙여 배치하는 작은 장식 테이블. 꽃병이나 흉상을 장식하는 받침대로 18세기 초에 등장했다.

사이드 테이블
소파나 의자 옆에 놓는 보조 테이블.

사이드 보드
거실에 두는 낮고 가로로 긴 장식 선반. 식기장을 가리키기도 한다.

스태킹 체어
겹쳐서 쌓을 수 있는 의자. 수납과 운반을 할 때도 편리하다.

스툴
등받이와 팔걸이가 없는 의자. 화장용이나 보조용으로 사용. 좌석의 높이를 높인 것은 하이 스툴이라고 한다.

소파 베드
등받이를 눕혀 침대로도 사용할 수 있는 소파.

체스트
의류나 소품류를 수납하는 상자 모양의 가구. 현재는 서랍이 달린 수납가구를 말한다. 높이에 따라 하이 체스트와 로 체스트로 나뉜다. 앉을 수 있는 벤치 체스트도 있다.

디렉터즈 체어
목재 프레임에 캔버스 천을 씌운 접이식 의자.

데이 베드
침대 겸용 소파.

데크 체어
나무나 금속 파이프 틀에 면이나 마 등의 두꺼운 평직 천을 씌운 팔걸이가 있는 접이식 의자.

네스트 테이블
같은 디자인의 크기가 다른 테이블을 크기대로 포개 넣을 수 있게 만든 것. 필요에 맞게 꺼내 쓴다.

버터플라이 테이블
익스텐션 테이블의 일종으로, 상판 측면으로 보조 상판을 내리거나 날개처럼 올려 펼 수 있는 테이블.

비스트로 테이블
원형 상판에 다리가 하나 달린 작은 테이블.

유니트 가구
상자와 선반, 서랍 등의 부분을 자유롭게 조합해 만드는 가구.

라이팅 뷰로
하부는 서랍장, 상부는 문이 달린 책장과 장식장 등으로 되어 있으며 문을 앞으로 당기면 글쓰기용 책상이 된다.

랙
물건을 장식하거나 수납하는 선반과 받침대 등의 총칭.

러브 체어
2인용 소파. 비스듬히 마주보도록 자리가 만들어진 것과 옆에 앉을 수 있는 것이 있다. 러브 시트.

리클라이닝 체어
등받이의 각도를 조절할 수 있는 의자.

흔들의자(rocking chair)
앞뒤로 흔들리는 구조로 된 의자.

File.04 집의 구성 요소

애틱(attic, 그르니에(grenier))
지붕의 안쪽 공간을 이용해 만든 방. 취미를 위한 방이나 아이 방으로 쓰는 경우가 많다. 프랑스어로는 그르니에. 창고용 고미다락이나 창고의 위층은 로프트라고 한다.

어프로치(Approach)
도로에서 각 주택의 현관까지 이어지는 통로. 현관 앞 지붕이 달려 있는 주차 공간은 포치라고 한다.

알코브(Alcove)
방의 벽면 일부를 움푹 파서 만든 공간. 서재나 침대를 두는 장소로 이용되는 경우가 많다. 일본의 도코노마도 알코브의 일종. 알코브는 바닥면에서부터 파는데, 벽을 작게 판 부분은 니치라고 한다.

오토시가케(落とし掛)
일본식 방에서 도코노마 위의 작은 벽 아래를 가로지르는 횡목.

오브제(Objet)
물체, 대상의 의미로 예술성 있는 작품이나 상징적인 물건.

가로대
난간이나 담장 등의 상부에 붙이는 마감재.

키트(Kit)
조립식 가구나 모형에 사용되는 한 벌의 재료. 공구가 포함되는 것도 있다.

크래프트(Craft)
수작업으로 만들어진 작품, 수공예품. 장인이 만든 수제품.

허리벽
상부는 벽지를 바르고 아래는 판자를 대는 등 위아래를 다르게 마감하는 경우, 아래의 벽을 가리키는 말이다.

코니스(Cornice)
벽 등의 구획을 나누는 띠 모양의 장식. 서양식 건축과 가구 디자인에서 자주 쓰인다.

컨서버터리(Conservatory)
식물을 추위로부터 보호하는 온실로, 18세기 영국에서 생겨난 것. 요즘은 식물을 두는 장소일 뿐 아니라 사람이 휴식하는 공간으로도 사용된다. 야외에서 지내는 즐거움과 집안의 쾌적함을 겸비한 자유로운 공간.

콘트랙트(Contract)
공공시설용 제품. 카페트, 커튼, 가구 등 여러 가지가 있다.

위생공간(Sanitary)
세면실과 욕실, 화장실 등 위생을 위한 공간.

실링 팬
프로펠러 모양의 날개가 달린 천장 선풍기. 천장 부근의 공기를 확산시키는 효과가 있다.

쇼인(書院 현관, 도코노마, 선반, 장지문, 맹자지가 있는 일본 고유의 주택 양식)
쇼인 건축양식으로 일본 주택에서 중요한 구성 요소 중 하나. 데쇼인(츠케쇼인)과 히라쇼인(약식)이 있다.

스킵 플로어
반 층씩 높이를 어긋나게 만들어 바닥을 깐 주택의 구조. 단차를 만들어 공간을 연결하기 때문에 시야가 넓고 입체감 있는 공간이 된다.

태피스트리
벽걸이용 직물. 장식적으로 사용되는 경우가 많고 색과 무늬는 회화에 가까운 것이 많다.

도코가마치(床框)
도코노마에서 다다미와의 단차를 만드는 횡목.

도코하시라(床框)
도코노마와 그 옆 공간 사이에 세운 화장보.

덴(Den)
어둑어둑한 방 혹은 취미 방, 오붓한 개인실 등을 가리킨다. 원래는 은둔처, 굴 정도의 뜻. 북미 주택에서는 흔히 볼 수 있는 공간.

니치
꽃병이나 소품을 장식할 수 있도록 벽의 일부를 움푹 판 부분.

누크(Nook)
편안한 은신처라는 의미. 간단한 음식이나 차, 취미 등을 즐길 수 있는 공간를 말한다.

배스 코트
저녁 바람을 쐴 수 있도록 욕실 밖에 마련된 공간.

파티오
스페인의 주택 건축에서 볼 수 있는 중정. 건물로 주변을 둘러싸고 있으며 소형 분수와 우물을 설치하는 것이 특징.

발코니
건물 외벽의 일부에서 돌출되어 지면과 떨어져 있는 지붕 없는 옥외 공간. 지면에 붙어 있으면 테라스, 지붕이 있는 것은 베란다라고 한다.

걸레받이
벽의 가장 아랫부분과 바닥과의 사이에 설치하는 가로판. 벽과 바닥을 정리한 부분을 아름답게 보이도록 하고 오염과 상처로부터 지키는 역할도 한다. 목재나 염화비닐제가 많다.

보
지붕과 위층의 무게를 지탱하기 위해 가로로 걸친 구조재. 장식용으로 나중에 다는 보를 화장보라고 한다.

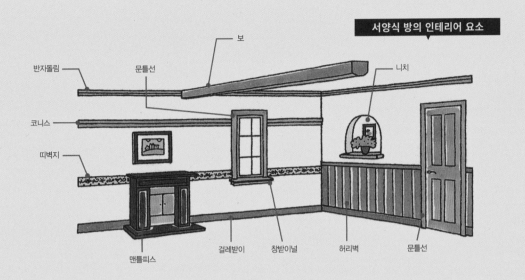

서양식 방의 인테리어 요소

보
반자돌림
문틀선
니치
코니스
띠벽지
맨틀피스
걸레받이
창받이널
허리벽
문틀선

일본식 방의 인테리어 요소

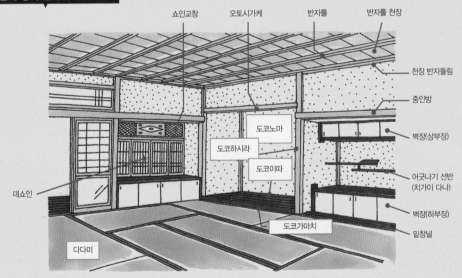

쇼인교창
오토시가케
반자틀
반자틀 천장
천장 반자돌림
중인방
벽장(상부장)
도코노마
도코하시라
도코이따
어긋나기 선반 (치가이 다나)
벽장(하부장)
밑창널
데쇼인
도코가마치
다다미

보이드
실내에서 2층 이상으로 설치된 공간. 위층의 바닥이 없고 천장이 높은 주택 구조. 개방적인 분위기를 연출할 수 있다.

반자돌림
천장과 벽 사이에 설치하는 가로대. 천장과 벽의 마감이 아름답게 보인다.

맨틀피스
벽난로를 장식하는 것으로 아궁이 주위를 감싸는 장식틀이다.

메조네트(Maisonette , 복층)
중·고층 집합주택에서 하나의 주택이 2층 이상으로 구성된 것.

몰딩
문틀선이나 반자돌림에서 내장과 가구 장식용으로 붙이는 띠 모양의 장식품.

유틸리티
세탁과 다림질 등의 가사를 하는 공간. 주부의 개인실로 사용되는 경우가 많다.

File.05 인테리어 내장재

아크릴 래커
아크릴 수지를 사용한 도료. 속건성이며 탄탄해서 가구 마감재로 널리 쓰인다.

앤티크 마감
앤티크풍의 분위기를 내기 위해 인공적으로 옛날 물건처럼 보이도록 하거나 세월 변화를 연출하는 가공 방법.

우레탄 도장
폴리우레탄 수지 도료를 칠한 마감. 표면에 투명한 막이 생겨 광택이 나며, 스크래치와 더러움, 열과 물에 강해 관리하기 편하다. 나무의 질감이 느껴지지 않는 경우도 있다.

우레탄 폼
폴리우레탄 수지를 발포시킨 스폰지 모양의 쿠션재. 의자나 소파의 충전재로 많이 쓴다.

S 스프링
강철선을 S자형으로 구부려 탄력성을 내는 스프링. 의자나 소파의 등받이 부분과 좌면에 사용된다.

MDF
Medium Density Fiberboard의 약자. 나무의 촘촘한 섬유를 고온 고압으로 압축해 판으로 만든 것. 표면이 평평하고 매끄러워 가공성이 높기 때문에 가구와 창호의 속재목으로 많이 사용된다.

오일 마감
아마인유나 천연수지를 베이스로 하는 오일을 사용한 마감. 도막이 형성되지 않아 나뭇결을 살린 내추럴한 마감이 되지만 스크래치가 잘 생긴다.

오일 스테인
목재의 착색제. 휘발성 용제에 안료와 아마인유 등을 혼합한 것. 나무 내부로 스며들어 착색되므로 나뭇결을 살려 마감할 수 있다.

목지(木地)
도장을 하지 않아 나뭇결이 그대로인 것.

캐치(Catch, 도어 캐치, 빠찌링)
문을 닫았을 때 열리지 않도록 하는 쇠 장식. 스프링과 자석을 이용한 것이 있다.

캔버스
면이나 마를 사용한 두꺼운 평직물. 의자 천으로 사용된다.

쿠션 플로어
비닐 코팅한 쿠션성 있는 바닥재. 방수성이 높아 화장실이나 세면대 등 물 쓰는 곳에 많이 사용된다.

크로스
벽지. 종이 제품, 비닐 제품, 천 제품 등이 있으며 색과 무늬가 다양하다.

규조토
바다나 호수에 사는 규조(플랑크톤)의 사체가 퇴적해 화석화한 흙으로, 유해 물질을 포함하지 않은 몸에 좋은 소재. 입자에 무수히 많은 미세 구멍이 뚫려 있기 때문에 단열·보온성을 비롯해 방음성, 흡·방습성 등도 높다.

화장 합판
합판의 표면을 아름답게 만들기 위해 각종 방법으로 가공한 것. 그 중에서도 얇게 자른 명목(고가의 특수재) 등을 붙여 원목처럼 마감한 것을 천연목 화장합판이라고 한다.

합성 피혁
인공 피혁. 합성수지로 만든 가죽과 비슷한 소재. 변색하지 않고 내오성이 뛰어나지만 천연 피혁에 비해 통기성과 흡습성이 떨어진다.

합판
얇게 자른 목재를 섬유 방향을 바꿔 접착제로 몇 장씩 붙인 것. 베니어판, 플라이우드.

회반죽
벽의 미장 마감재로, 소석회에 짚 같은 섬유와 풀을 섞어 물로 반죽한 것. 조습 기능이 있고 미장 마감재 특유의 따뜻한 질감이 재조명되고 있다.

집성재
두께 2.5~5cm의 블록 모양 목재를 섬유 방향과 평행하도록 접착제로 붙인 것. 비교적 저렴하고 강도가 균질한 것이 장점. 문틀 등의 건축 구조용이나 가구에 쓰인다.

플레인 우드(Plain Wood)
도료를 칠하지 않은 나뭇결이 그대로 있는 나무.

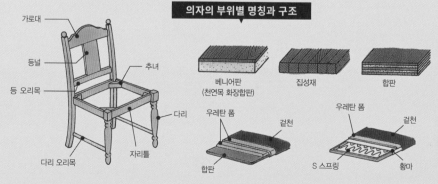

의자의 부위별 명칭과 구조

가로대
등널
등 오리목
추녀
다리
다리 오리목
자리틀

베니어판 (천연목 화장합판)
집성재
합판

우레탄 폼
겉천
합판

우레탄 폼
겉천
S 스프링
황마

수납가구의 부위별 명칭과 구조

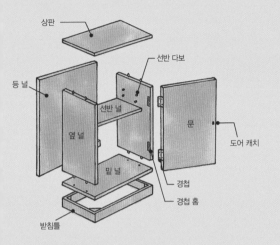

상판
선반 다보
등 널
선반 널
옆 널
문
도어 캐치
밑 널
경첩
경첩 홈
받침틀

소파의 구조

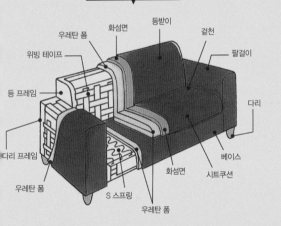

우레탄 폼
화섬면
등받이
겉천
위빙 테이프
팔걸이
등 프레임
다리
다리 프레임
베이스
우레탄 폼
화섬면
시트쿠션
S 스프링
우레탄 폼

스틸
철, 강철.

추녀
의자의 구성 부재 중 하나. 자리틀을 보강하는 역할을 하며 접착제와 나무 나사를 병용해 고정하는 경우가 많다.

슬라이드 레일
서랍을 부드럽게 개폐하기 위한 장치. 레일 부분에는 서랍을 가볍게 만드는 볼 베어링과 호일이 들어 있으며 내하중과 서랍의 양에 따라 다양한 타입이 있다.

등널
가구의 뒷부분 판자.

다보
2개의 부재가 어긋나는 것을 막기 위해 접합 장소에 구멍을 뚫어 끼우는 작고 둥근 봉. 수납 가구에서 선반 널의 높이와 간격을 조절하는 것을 선반 다보라고 한다.

경첩
문의 개폐 축이 되는 장치.

베니어판
합판 화장에 사용하며 얇게 슬라이스한 천연목을 시트형으로 만든 판.

테라코타
점토를 구운 것.

상판
테이블과 서랍장 등의 최상부 판자. 갑판.

브라스
놋쇠. 구리와 아연의 합금.

프린트 화장판
나뭇결 등을 인쇄해 수지 가공한 종이를 합판에 붙여 만든 판자.

플로어링
판자나 목질계 소재로 만든 마루판. 현재는 한 장씩 깔지 않고 하나의 패턴으로 되어 있는 패널을 까는 경우가 많다.

정목(柾目)
나이테가 평행으로 나타나는 나뭇결. 나무의 뒤틀림이나 갈라짐이 적다.

원목
아무것도 덮어씌우거나 섞지 않은 목재. 나무의 멋과 매력을 느낄 수 있지만 비싸다. 건조로 인해 뒤틀림이나 갈라짐이 생기기 쉽다는 단점도 있다.

멜라민 수지
플라스틱의 일종. 내수성과 내열성이 뛰어나고 가공이 쉬워 테이블 상판에 사용하거나 도장재로 가구 마감에 이용된다.

래커 도장
수지 등을 녹인 투명 도료로, 나무의 표면에 막을 형성하는 마감 방법. 광택은 있지만 막이 얇아서 내구성은 떨어진다. 나무의 질감을 느낄 수 있다.

왁스 마감
천연 소재를 베이스로 한 왁스를 칠하는 마감 방법. 나무의 내부로 스며들지만 표면에 왁스 성분이 남기 때문에 물과 오염을 방지한다. 연 1~2회 반복해서 칠해야 한다.

File.06 조명

간접 조명
벽면이나 천장을 비춰 빛의 부드러움과 장식적인 효과를 노린 조명.

형광등
방전에 의해 발생하는 자외선이 유리관 안의 형광물질을 자극해 빛을 내는 광원. 백열전구보다 전기료는 경제적. 수명이 길다.

코브 조명
천장이나 벽의 구석진 홈에 광원을 감추고 천장을 밝게 비추는 간접 조명.

샹들리에
여러 개의 전구가 달린 천장에 매다는 타입의 조명기구.

실링라이트
천장에 직접 설치하는 조명. 천장 매립형과 직접 설치형이 있다. 넓은 범위를 균등하게 비추므로 전체 조명에 사용한다.

스포트라이트
벽면의 그림이나 선반 위의 물건 등 특정 장소를 비춰 악센트로 사용하는 조명. 집광성이 높고 대상물을 효과적으로 돋보이게 만든다.

전체(전반) 조명
방 전체를 골고루 비추는 조명으로 베이스 조명이라고도 한다.

다운라이트
천장에 매립하는 소형 조명기구. 기구가 매립되어 눈에 띄지 않으므로 공간이 깔끔해진다.

덕트 레일
천장에 스포트라이트를 달기 위해 설치하는 레일. 전구는 레일의 아무 위치에나 달 수 있다. 라이팅 덕트(레일)라고도 한다.

전구형 형광등
백열전구와 거의 같은 모양의 형광등. 백열전구에 비해 비싸지만 수명이 길다.

백열전구
필라멘트를 고온으로 가열해 빛을 내는 광원. 형광등에 비해 따뜻한 느낌이 나는 빛으로, 조광은 간단하지만 전기요금이 많이 나온다. 고열이 나기 때문에 수명이 짧다. 값이 싼 것도 특징.

할로겐 전구
일반 백열전구보다 소형이며 발광부의 빛이 강해 공간에 빛의 리듬감을 줄 수 있다. 스포트라이트와 다운라이트에 많이 사용된다.

실링 로제트
천장의 조명용 콘센트를 겸비한 기구.

부분 조명
전체가 아닌 특정 장소를 비추는 조명 방법, 또는 조명기구.

브래킷
벽면에 다는 조명기구. 벽의 반사광이나 전등 갓을 통과한 빛이 악센트가 된다.

플로어 램프
바닥에 놓는 조명. 플로어 스탠드.

펜던트
코드와 체인으로 천장에 매다는 타입의 조명기구. 실내조명 중에서 가장 인기 있는 것 중 하나.

럭스
장소의 조도(밝기)를 나타내는 단위.

와트
소비 전력을 나타내는 단위.

조명기구 종류

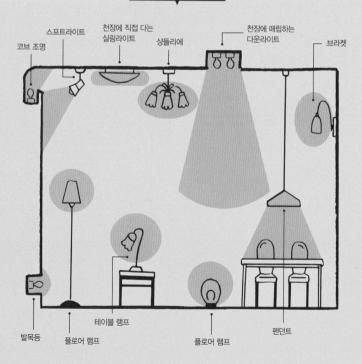

"매일 보는 것, 만지는 것들이라 더욱 디자인에
신경 쓰고 싶다. 아트도 인테리어도 일용품도
매한가지다."

— 마루야마 씨

"매 순간을 설레며 살고 싶다.
삶을 언제까지나 즐기고 싶다."

— 다카마쓰 씨

"좋아하는 것들이 주변에 많으면 내 집이라는
생각이 들어 마음이 안정된다."

— 오모리 씨

역시 내 집이 최고다.
당신의 그 웃음 너머에 LIFE INTERIOR.

기본부터 배우는 인테리어 교과서

개정판 1쇄 펴낸날 2024년 9월 5일

지은이 주부의벗사 편집부
옮긴이 박승희
펴낸이 정원정, 김자영
편집 홍현숙
디자인 나이스에이지

펴낸곳 즐거운상상
주소 서울시 중구 충무로 13 엘크루메트로시티 1811호
전화 02-706-9452 팩스 02-706-9458
전자우편 happydreampub@naver.com
인스타그램 @happywiches
출판등록 2001년 5월 7일
인쇄 천일문화사

ISBN 979-11-5536-219-8 13590